Khushbuba M. Jadeja
V. J. Savaliya
M.K. Jadeja

# PRÁTICAS AGRÍCOLAS REGENERATIVAS NA ÍNDIA

Khushbuba M. Jadeja
V. J. Savaliya
M.K. Jadeja

# PRÁTICAS AGRÍCOLAS REGENERATIVAS NA ÍNDIA

**A agricultura regenerativa é uma abordagem holística e integradora que evolui o conjunto de práticas de recuperação de solos degradados.**

**ScienciaScripts**

**Imprint**
Any brand names and product names mentioned in this book are subject to trademark, brand or patent protection and are trademarks or registered trademarks of their respective holders. The use of brand names, product names, common names, trade names, product descriptions etc. even without a particular marking in this work is in no way to be construed to mean that such names may be regarded as unrestricted in respect of trademark and brand protection legislation and could thus be used by anyone.

Cover image: www.ingimage.com

This book is a translation from the original published under ISBN 978-620-8-42390-2.

Publisher:
Sciencia Scripts
is a trademark of
Dodo Books Indian Ocean Ltd. and OmniScriptum S.R.L publishing group

120 High Road, East Finchley, London, N2 9ED, United Kingdom
Str. Armeneasca 28/1, office 1, Chisinau MD-2012, Republic of Moldova, Europe
Managing Directors: Ieva Konstantinova, Victoria Ursu
info@omniscriptum.com

Printed at: see last page
**ISBN: 978-620-8-64168-9**

*PRÁTICAS AGRÍCOLAS REGENERATIVAS NA ÍNDIA*

# CONTEÚDO

# INTRODUÇÃO

Nos últimos anos, tem-se verificado um reconhecimento crescente da necessidade urgente de adotar práticas agrícolas mais sustentáveis e regenerativas. Os métodos agrícolas convencionais, caracterizados por uma utilização intensiva de produtos químicos, monoculturas extensivas e desbravamento de terras em grande escala, têm afetado a degradação ambiental, a erosão dos solos, a perda de biodiversidade e as alterações climáticas. Dado que o crescimento da população mundial intensifica as pressões sobre os nossos recursos naturais, é crucial explorar abordagens agrícolas alternativas que possam garantir a segurança alimentar e a sustentabilidade ambiental. A agricultura regenerativa surgiu como uma abordagem transformadora e holística que não só apoia a produção de alimentos, como também restaura e revitaliza ativamente a saúde do nosso planeta. Esta abordagem reconhece o importante papel da agricultura na atenuação das alterações climáticas, na conservação da biodiversidade, no reforço da resistência dos ecossistemas e na promoção do bem-estar social. Ao centrar-se nos aspectos interligados da saúde do solo, da conservação da biodiversidade, da gestão da água e do sequestro de carbono, a agricultura regenerativa oferece uma solução abrangente e integrada para os desafios complexos que os sistemas agrícolas modernos enfrentam. A agricultura regenerativa é o processo de recuperação de solos degradados através de práticas (por exemplo, pastoreio adaptativo, sementeira direta, utilização nula ou limitada de pesticidas e fertilizantes sintéticos, etc.) baseadas em princípios ecológicos. Estes princípios orientam um conjunto de práticas que os agricultores podem adaptar aos seus contextos ambientais e culturais específicos. Os princípios fundamentais são a minimização da perturbação do solo, a manutenção da cobertura do solo, a maximização da diversidade das culturas, a integração da pecuária, a construção natural da fertilidade do solo, a melhoria da gestão da água, a promoção da saúde do ecossistema e a resiliência económica e comunitária. Estes princípios podem ser obtidos através de práticas-chave como a lavoura zero, a lavoura reduzida, as culturas de cobertura, a cobertura morta, a diversificação das culturas, a rotação de culturas, a agricultura natural, a silvo-pastagem, o pastoreio rotativo, a agricultura biológica, os biofertilizantes, os biopesticidas, a irrigação gota a gota, a irrigação por aspersão, a recolha de águas pluviais, a descarga de águas subterrâneas, o sistema agrícola integrado, a agrossilvicultura, as tecnologias agrícolas resilientes às alterações climáticas, o NICRA, etc.

# DEFINIÇÃO - AGRICULTURA REGENERATIVA

A agricultura regenerativa descreve sistemas agrícolas holísticos que, entre outros benefícios, melhoram a qualidade da água e do ar, aumentam a biodiversidade dos ecossistemas, produzem alimentos ricos em nutrientes e armazenam carbono para ajudar a mitigar os efeitos das alterações climáticas. Estes sistemas agrícolas são concebidos para funcionar em harmonia com a natureza, mantendo e melhorando simultaneamente a viabilidade económica. (FAO, 2022)

A agricultura regenerativa é um sistema de princípios agrícolas que reabilita todo o ecossistema e melhora os recursos naturais, em vez de os esgotar. (Tiwari e Kuar, 2022)

A agricultura regenerativa é uma abordagem holística e integradora que envolve um conjunto de práticas que englobam várias técnicas de apoio à saúde do solo, com o objetivo de melhorar a produtividade, a qualidade ambiental e o sequestro de carbono no solo. (Indira e Chandrakanth, 2022)

**Importância da agricultura regenerativa**

A agricultura regenerativa é crucial porque aborda alguns dos desafios ambientais e sociais mais prementes do nosso tempo. Eis porque é importante:

1. **Restaurar a saúde do solo**: As práticas agrícolas convencionais, como a lavoura pesada e a utilização de produtos químicos sintéticos, degradaram os solos em todo o mundo. A agricultura regenerativa centra-se na reconstrução da saúde do solo através do aumento da matéria orgânica, da melhoria da estrutura do solo e da promoção da atividade microbiana benéfica. Os solos saudáveis são mais produtivos e resistentes, ajudando a manter a agricultura para as gerações futuras.
2. **Combate às alterações climáticas**: A agricultura contribui significativamente para as emissões de gases com efeito de estufa, mas as práticas regenerativas podem inverter esta tendência. Técnicas como a cultura de cobertura, a agro-silvicultura e a redução da lavoura ajudam a sequestrar o carbono no solo, removendo-o efetivamente da atmosfera. Isto faz da agricultura regenerativa uma estratégia fundamental para mitigar as alterações climáticas.

3. **Promover a biodiversidade**: A agricultura de monocultura reduz a biodiversidade, tornando os ecossistemas mais vulneráveis a pragas, doenças e

alterações ambientais. A agricultura regenerativa incentiva a plantação de diversas culturas e a integração do gado, criando ecossistemas mais saudáveis e resistentes que suportam uma maior variedade de espécies vegetais e animais.

4. **Melhorar a gestão da água**: Os solos saudáveis absorvem e retêm a água de forma mais eficaz, reduzindo o risco de erosão e de escoamento da água. Este facto não só melhora o rendimento das culturas, como também ajuda a gerir os recursos hídricos de forma mais sustentável, o que é especialmente importante em regiões propensas a secas ou chuvas intensas.

5. **Aumentar a segurança alimentar**: Ao construir sistemas agrícolas resistentes, a agricultura regenerativa assegura que a terra permanece fértil e produtiva a longo prazo. Esta abordagem apoia a segurança alimentar, ajudando os agricultores a produzir alimentos saudáveis e ricos em nutrientes, ao mesmo tempo que reduz a sua dependência de factores de produção externos, como fertilizantes químicos e pesticidas.

6. **Apoio às comunidades rurais**: A agricultura regenerativa envolve frequentemente práticas mais intensivas em termos de mão de obra e uma agricultura de menor escala, o que pode criar emprego e reforçar as economias rurais. Também promove sistemas alimentares locais, reduzindo o impacto ambiental do transporte de alimentos a longa distância e fomentando ligações mais estreitas entre produtores e consumidores.
Na sua essência, a agricultura regenerativa é uma via para um futuro mais sustentável, resiliente e equitativo, que aborda as causas profundas da degradação ambiental e melhora o bem-estar dos agricultores, das comunidades e dos ecossistemas.

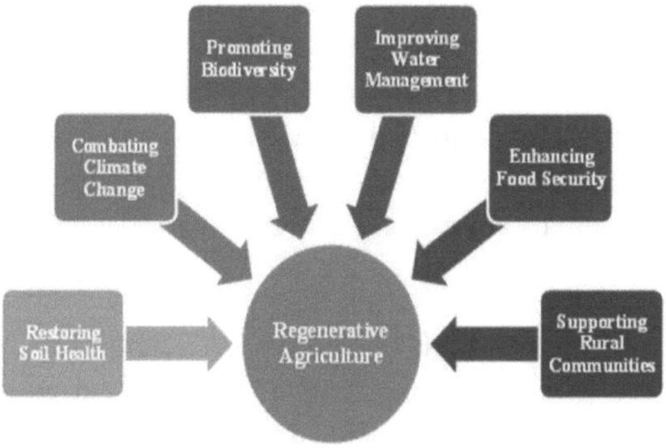

## A necessidade de uma agricultura regenerativa na Índia

A Índia, com o seu clima diversificado, um rico património agrícola e uma população fortemente dependente da agricultura, enfrenta desafios significativos que tornam crucial a adoção da agricultura regenerativa. Eis por que razão esta abordagem é necessária na Índia:

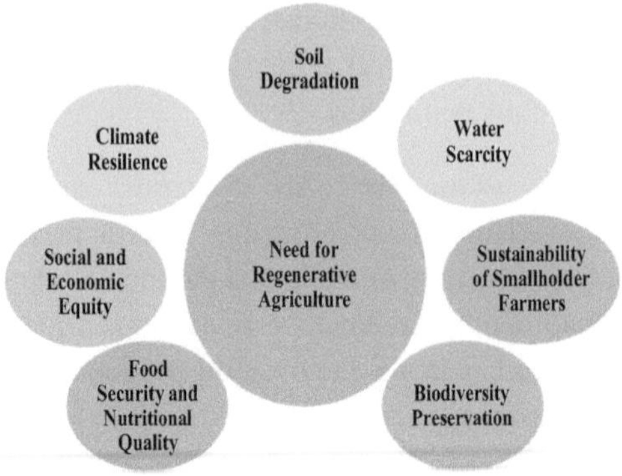


1. **Degradação dos solos**: Os solos indianos sofreram uma grande degradação devido à utilização excessiva de fertilizantes químicos, pesticidas e práticas agrícolas intensivas. Cerca de 30% do solo do país está degradado, o que conduz a uma fertilidade reduzida, a colheitas menos produtivas e a uma maior vulnerabilidade à erosão. A agricultura regenerativa pode ajudar a restaurar a saúde do solo através da construção de matéria orgânica, melhorando o ciclo de nutrientes e reduzindo a dependência de insumos sintéticos.

2. **Escassez de água**: A agricultura é responsável por cerca de 80 por cento da utilização de água doce na Índia e muitas regiões enfrentam um grave stress hídrico. O esgotamento das águas subterrâneas e as práticas de irrigação ineficientes agravaram a crise. As práticas regenerativas, como o plantio direto e as culturas de cobertura, melhoram a capacidade de retenção de água do solo, reduzem o escoamento e promovem uma utilização mais eficiente da água, tornando a agricultura mais sustentável em regiões com escassez de água.

3. **Resiliência climática**: A Índia é altamente vulnerável às alterações climáticas, com uma frequência crescente de fenómenos meteorológicos extremos como secas, inundações e ondas de calor. A agricultura regenerativa cria resiliência climática ao melhorar a saúde do solo, o que, por sua vez, ajuda a estabilizar o rendimento das culturas mesmo em condições adversas. Além disso, práticas como a agrossilvicultura e a diversificação das culturas reduzem o risco de fracasso total das colheitas.

4. **Sustentabilidade dos pequenos agricultores**: A maioria dos agricultores indianos são pequenos agricultores com recursos limitados, frequentemente apanhados num ciclo de dívidas devido aos elevados custos dos factores de produção e aos baixos rendimentos. A agricultura regenerativa pode baixar o custo da agricultura, reduzindo a necessidade de produtos químicos e fertilizantes sintéticos dispendiosos, ao mesmo tempo que aumenta potencialmente os rendimentos através de solos mais saudáveis. Isto pode ajudar a melhorar os meios de subsistência dos pequenos agricultores e tornar a agricultura mais sustentável do ponto de vista económico.

5. **Preservação da biodiversidade**: A Índia é um dos países com maior biodiversidade do mundo, mas a expansão agrícola e a monocultura ameaçaram as espécies e os ecossistemas nativos. A agricultura regenerativa promove a biodiversidade tanto nas explorações agrícolas como nas paisagens circundantes, incentivando o cultivo de uma variedade de culturas e integrando o gado. Isto pode ajudar a conservar o rico património natural da Índia, apoiando simultaneamente sistemas agrícolas mais resistentes.

6. **Segurança alimentar e qualidade nutricional**: Com uma população em crescimento e uma procura crescente de alimentos, garantir a segurança alimentar é uma prioridade máxima para a Índia. A agricultura regenerativa não só melhora o rendimento das culturas ao longo do tempo, como também melhora a qualidade nutricional dos alimentos, promovendo solos e ecossistemas mais saudáveis. Isto é particularmente importante num país onde a desnutrição continua a ser um desafio significativo.

7. **Equidade social e económica**: A agricultura regenerativa pode dar poder às comunidades marginalizadas, incluindo mulheres e grupos indígenas, promovendo práticas agrícolas inclusivas e orientadas para a comunidade. Apoia as economias locais, reduz a dependência de factores de produção externos e promove um sentido de propriedade e de gestão da terra.

Em resumo, a agricultura regenerativa é essencial para a Índia enfrentar os seus desafios ambientais, assegurar a sustentabilidade a longo prazo do seu sector agrícola e garantir os meios de subsistência de milhões de agricultores. Ao adotar práticas regenerativas, a Índia pode construir um sistema agrícola mais resistente, sustentável e equitativo para o futuro.

## Princípios e práticas da agricultura regenerativa

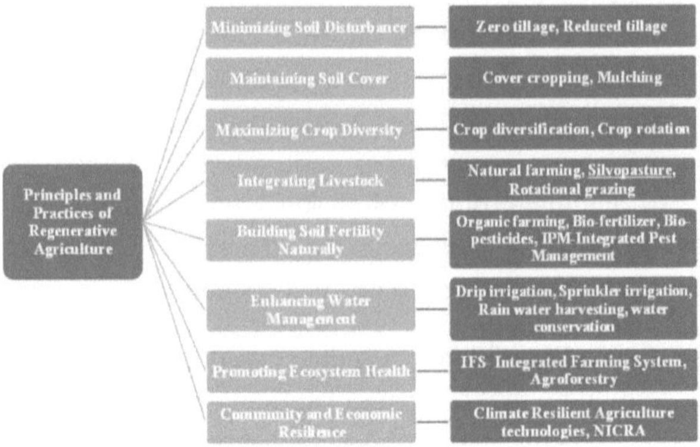


## 1. Minimizar a perturbação do solo

▶ Evitar ou reduzir a lavoura para proteger a estrutura do solo e manter a integridade dos ecossistemas do solo.

▶ Minimizar a utilização de produtos químicos sintéticos que podem perturbar a vida do solo e degradar a sua saúde.

▶ Este princípio pode ser obtido com práticas como: Lavoura zero, Lavoura reduzida

| Trabalhos de investigação sobre lavoura zero | | |
|---|---|---|
| Kumar | Produtividade e rentabilidade | O rendimento aumentou 9 por cento sob ZT. |
| 2021 | de feijão-mungo-trigo | Sustentável |
| | Sistema de cultivo sob Zero | Abordagem eficiente em termos de recursos |
| | Lavoura noSudoeste | Melhorar a saúde do solo, |
| | Haryana | Produtividade |
| | | Rentabilidade |
| Verma 2021 | Desempenho do grão-de-bico sob lavoura convencional e lavoura zero em condições de sequeiro | Melhoria em produtividade das culturas, rentabilidade e rendimento.<br>Porosidade do solo,<br>Capacidade de retenção de água<br>Redução da compactação do solo<br>Redução dos custos de cultivo, aumento dos rendimentos brutos e líquidos<br>Rácio benefício-custo (B:C) mais elevado |

**2. Manutenção da cobertura do solo**

▶ Mantenha o solo coberto com plantas vivas ou cobertura vegetal orgânica para evitar a erosão, suprimir as ervas daninhas e reter a humidade.
▶ Utilizar culturas de cobertura para proteger o solo quando as culturas principais não estão a crescer, melhorando a fertilidade e a estrutura do solo.
▶ Este princípio pode ser obtido com práticas como: Cultura de cobertura, Mulching

| Trabalhos de investigação sobre o Mulch | | |
|---|---|---|
| Bansod 2022 | Estudos sobre diferentes coberturas vegetais na cultura de brócolos | Melhorar o crescimento, o rendimento e a qualidade.<br>Temperatura óptima das raízes<br>Humidade retida<br>Redução das ervas daninhas<br>Aumento da qualidade nutricional |
| Hossain 2020 | Efeito das coberturas vegetais orgânicas e inorgânicas no pêssego | Aumento do crescimento e da produção de frutos<br>Manutenção dos níveis de nutrientes nas folhas<br>Regulação da temperatura e da humidade do solo. |

**3. Maximizar a diversidade das culturas**

▶ Plantar uma gama diversificada de culturas para imitar os ecossistemas naturais, o que aumenta a biodiversidade, melhora a resiliência e reduz o risco de pragas e doenças.
▶ Rotação de culturas para evitar o esgotamento do solo e quebrar os ciclos de pragas e doenças.
▶ Este princípio pode ser obtido com práticas como: Diversificação de culturas, rotação de culturas

4. **Integração da pecuária**

▶ Utilizar sistemas de pastoreio geridos que imitem **os padrões naturais de pastoreio para melhorar a saúde do solo, aumentar a biodiversidade e melhorar o ciclo de nutrientes**.
▶ Incorporar a pecuária nos sistemas de produção vegetal através de práticas como a agricultura natural, a silvopastagem e o pastoreio rotativo.

5. **Aumentar a fertilidade do solo de forma natural**

▶ **Aumentar a matéria orgânica do solo** através da compostagem, das culturas de cobertura e da utilização de corretivos orgânicos como o estrume e o biochar.
▶ Promover a biologia saudável do solo, incluindo microrganismos benéficos, minhocas e outra fauna do solo, para melhorar a estrutura e a fertilidade do solo.
▶ Este princípio pode ser obtido através de práticas como: Agricultura

biológica, biofertilizantes, biopesticidas, gestão integrada de pragas (IPM).

6. **Melhorar a gestão da água**

▶ Implementar **práticas de poupança de água, como a recolha de águas pluviais, a irrigação eficiente e a criação de valas ou lagos para** captar e armazenar água.

▶ Melhorar a capacidade de retenção de água do solo através da utilização de matéria orgânica e de plantas com raízes profundas.

▶ Irrigação por gotejamento: poupança de água até 40-60% com aumento de rendimento de 20-50%.

▶ Irrigação por aspersão: poupança de água até 16-40 por cento com aumento de rendimento de 30-57 por cento

7. **Promover a saúde dos ecossistemas**

▶ Apoiar os ecossistemas naturais em torno das áreas agrícolas, **mantendo os habitats de vida selvagem, plantando espécies nativas e evitando práticas** que prejudiquem a biodiversidade local.

▶ Criar zonas de proteção e corredores para a vida selvagem, a fim de promover o equilíbrio ecológico e a resiliência.

▶ Este princípio pode ser obtido com práticas como: IFS- Sistema Integrado de Agricultura, Agroflorestação

▶ O Sistema Agrícola Integrado (SFI) é uma **combinação de muitos sistemas**, que tenta **aumentar o rendimento dos agricultores** utilizando os recursos naturais **numa base de sustentabilidade**, o que pode ser obtido através da integração da gestão das culturas com empresas associadas.

**8. Resiliência comunitária e económica**

▶ Fomentar os sistemas alimentares locais e apoiar a agricultura de base comunitária que **dá prioridade ao acesso equitativo aos recursos e aos mercados**.

▶ Incentivar práticas que reduzam a vulnerabilidade económica dos agricultores, tais como **a redução da dependência de factores de produção externos e a diversificação das fontes de rendimento**.

▶ Este princípio pode ser obtido com práticas como: NICRA (National Innovations in Climate Resilient Agriculture)

▶ O NICRA é um projeto de rede do Conselho Indiano de Investigação Agrícola **(ICAR)** lançado em **fevereiro de 2011**.

▶ O projeto visa aumentar **a resistência** da agricultura indiana às alterações climáticas e à vulnerabilidade climática através da **investigação estratégica e da demonstração de tecnologias.**

# REVISÃO DA LITERATURA

## Faming natural

**Quadro 1: Custo do cultivo de produtos hortícolas em agricultura natural e convencional n=60**

| Sr. nº. | Cultura hortícola | Custo de cultivo (Rs./ha) | | |
|---|---|---|---|---|
| | | NF | CF | (variação percentual de NF em relação a CF ) |
| 1 | Ervilha | 47,825.24 | 1,08,791.74 | -56.04 |
| 2 | Couve-flor | 49,837.01 | 1,05,380.68 | -52.71 |
| 3 | Tomate | 61,485.13 | 1,10,003.94 | -44.11 |
| Solan (H.P.) | | | Zintoo 2021 | |

Zintoo (2021) efectuou uma análise comparativa do custo de cultivo entre métodos agrícolas naturais e convencionais no distrito de Solan. O estudo relatou que a agricultura natural resultou em uma redução significativa nos custos de cultivo, com a maior variação percentual observada na ervilha em -56,, seguida pela couve-flor em -52,71% e tomate em -44,.

**Quadro 2: Rendimento líquido dos produtos hortícolas em agricultura natural e convencional n=60**

| Sr. nº. | Cultura hortícola | Rendimentos líquidos (Rs./ha) | | |
|---|---|---|---|---|
| | | NF | CF | Eficiência económica relativa (em percentagem) |
| 1 | Ervilha | 1,00,524. 37 | 80,886.52 | 24.28 |
| 2 | Couve-flor | 1,11,305. 77 | 81,178.18 | 37.11 |
| 3 | Tomate | 96,073.63 | 78,063.09 | 23.07 |
| Solan (H.P.) | | | Zintoo 2021 | |

Zintoo (2021) revelou as mudanças na eficiência económica relativa, descobrindo que esta era mais elevada para a couve-flor, com 37,, seguida da ervilha, com 24,28%, e do tomate, com 23,. Estes resultados indicam que os agricultores que adoptam práticas agrícolas naturais estão a obter maiores retornos em comparação com os que utilizam métodos convencionais, destacando os benefícios económicos da transição para sistemas agrícolas naturais.

**Quadro 3: Comparação dos rendimentos líquidos no sistema de agricultura natural e nos sistemas de agricultura convencional n=60**

| Sr. não. | Agricultura natural | | | | Agricultura convencional | | | | |
|---|---|---|---|---|---|---|---|---|---|
| | Culturas | Rendimento bruto (Rs./Ha) | Rendimentos líquidos (Rs./Ha) | Rácio de entrada de saída NF | Cultura | Rendimento bruto (Rs./Ha) | Rendimento líquido (Rs./Ha) | Rácio de entrada de saída CF | Eficiência económica relativa de NF |
| 1 | Cereais-Legumes-Leguminosas (1) | 132310 | 78498 | 2.5 | Milho | 104072 | 42268 | 1.7 | 85.71 |
| 2 | Cereais-Legumes (2) | 164051 | 84775 | 2.1 | Feijão francês | 125837 | 64731 | 2.1 | 30.97 |
| 3 | Vegetais (3) | 282665 | 178205 | 2.7 | Tomate | 147279 | 89161 | 2.5 | 99.86 |
| 4 | Cana-de-açúcar-Legumes-Cúrcuma (4) | 384762 | 325070 | 6.4 | Cana-de-açúcar | 236358 | 169035 | 3.5 | 92.30 |
| 5 | Cereais-Legumes-Leguminosas(5) | 128215 | 76040 | 2.5 | Trigo | 48657.6 | 11342 | 1.3 | 570.42 |
| 6 | Cereais-Legumes(6) | 134535 | 82034 | 2.6 | Ervilha | 146602 | 96833 | 2.9 | -7.69 |
| 7 | Culturas de cereais, legumes e sementes oleaginosas (7) | 85426.2 | 40278 | 1.9 | Mostarda | 92350.6 | 61322 | 2.9 | -34.31 |
| Sirmaur (H.P.) | | | | | Vashishat 2020 | | | | |

Vashishat (2020) realizou uma análise comparativa da eficiência económica relativa entre sistemas agrícolas naturais e convencionais no distrito de Sirmaur, em Himachal Pradesh. O estudo revelou que a agricultura natural geralmente em rendimentos líquidos mais elevados, com o aumento mais significativo observado na combinação de culturas 5, com , seguida da combinação de culturas 3, com 99,86%, e da combinação de culturas 4, com 92%. No entanto, verificou-se que as combinações de culturas 6 e 7 tiveram uma eficiência económica relativa negativa, com reduções de -7% e -34,31%, respetivamente, para a ervilha e a mostarda. Isto indica que, embora a agricultura natural possa aumentar o rendimento de muitas culturas, certas combinações podem não ter um desempenho tão bom em comparação com os métodos convencionais, destacando um potencial compromisso na rentabilidade.

**Quadro 4: Problemas enfrentados pelos agricultores na agricultura natural de Subhash Palekar n=60**

| Sr. não. | Problemas | Pontuação global | Classificação |
|---|---|---|---|
| 1 | Escassez de mão de obra qualificada | 32.5 | VIII |
| 2 | Taxas salariais mais elevadas | 65 | I |
| 3 | Trabalho intensivo | 51.67 | IV |
| 4 | Falta de conhecimentos técnicos | 48.33 | V |
| 5 | Instalações de formação inadequadas | 41.67 | VI |
| 6 | Ataque de animais selvagens | 25 | X |
| 7 | Indisponibilidade de inputs a tempo | 30.93 | IX |
| 8 | Conhecimento do pacote de práticas | 33.33 | VII |
| 9 | Falta de instalações de extensão | 10.33 | XIV |
| 10 | Insectos e doenças | 20 | XII |
| 11 | Tempo incerto | 55 | III |
| 12 | Falta de instalações de irrigação | 21.67 | XI |
| 13 | Preço inadequado dos produtos | 65 | I |
| 14 | Sensibilização dos consumidores para os produtos SPNF | 21.67 | XI |
| 15 | Não disponibilidade de mercado especializado | 51.67 | IV |
| 16 | Falta de infra-estruturas de transporte | 56.67 | II |
| 17 | Falta de informação adequada | 17.5 | XIII |
| Shimla (H.P.) | | Kumar 2022 | |

Kumar (2022) identificou várias restrições críticas enfrentadas pelos agricultores que praticam a Agricultura Natural de Subhash Palekar (SPNF). A questão mais significativa foi a indisponibilidade de mercados especializados para os produtos naturais, o que impediu os agricultores de obterem preços mais elevados pelos seus produtos. Além disso, o estudo destacou a natureza de mão de obra intensiva da SPNF, o que colocou desafios em termos de disponibilidade de mão de obra e custos. Outros constrangimentos notáveis incluíram preços inadequados para os produtos no mercado, taxas salariais elevadas e uma falta geral de consciencialização dos consumidores em relação aos produtos das FDPN. Além disso, os agricultores enfrentaram dificuldades devido à falta de mão de obra qualificada, instalações de irrigação inadequadas, condições climatéricas incertas e instalações de transporte insuficientes. Apesar destes desafios, o estudo concluiu que a ocorrência de doenças era menos preocupante nos sistemas agrícolas naturais, o que indica a sua eficácia na gestão da saúde das culturas.

**Quadro 5: Constrangimentos enfrentados pelos agricultores na agricultura natural n=144**

| Sr. Não. | Restrições | Frequência | Por cento | Classificação |
|---|---|---|---|---|
| 1 | Os agricultores não conseguiram obter preços mais elevados para os produtos naturais no mercado local | 121 | 84.02 | I |
| 2 | Falta de mercados especializados para os produtos naturais | 115 | 79.86 | II |
| 3 | Falta de actividades de extensão adequadas, nomeadamente formação e demonstrações sobre práticas agrícolas naturais | 106 | 73.61 | III |
| 4 | Falta de conhecimento sobre o método correto de fazer jivamrut, agniasthra, dashparniark, etc. | 101 | 70.01 | IV |
| 5 | Os agricultores não têm conhecimento de informações sobre práticas agrícolas naturais | 94 | 65.27 | V |
| 6 | Não há disponibilidade de vacas da raça original e a manutenção é difícil. | 91 | 63.19 | VI |
| 7 | O governo não fornece os subsídios para iniciar a agricultura natural | 85 | 59.02 | VII |
| 8 | Falta de disponibilidade de mão de obra em tempo útil e é demorado | 78 | 54.16 | VIII |
| 9 | A gestão das ervas daninhas é difícil | 74 | 51.38 | IX |
| 10 | Não disponibilidade de factores de produção agrícola naturais | 71 | 49.30 | X |
| 11 | Baixos rendimentos nos primeiros anos | 68 | 47.22 | XI |
| 12 | É difícil gerir os danos causados por insectos e pragas | 63 | 43.75 | XII |
| 13 | Falta de informação sobre os mercados de produtos agrícolas naturais | 59 | 40.97 | XIII |
| 14 | Falta de institutos especializados para a investigação sobre a agricultura natural | 56 | 38.88 | XIV |
| 15 | Falta de cooperativas de agricultores para a comercialização | 51 | 35.41 | XV |
| Região de Saurashtra | | Zala 2021 | | |

Zala (2021) referiu que os constrangimentos mais importantes enfrentados pelos agricultores na prática da agricultura natural eram: os agricultores não conseguiam obter preços mais elevados para os produtos naturais no mercado local, falta de mercados especializados para os produtos naturais, falta de actividades de extensão adequadas, nomeadamente formação, demonstrações sobre práticas agrícolas naturais, falta de conhecimentos sobre o método adequado de fazer jivamrut, agniasthra, dashparniark, etc.

**Quadro 6: Sugestões dos agricultores para ultrapassar os constrangimentos na Agricultura Natural n=144**

| Sr. Não. | Sugestões | Frequência | Percentagem | Classificação |
|---|---|---|---|---|
| 1 | Deve ser assegurado um preço elevado para os produtos naturais | 124 | 86.11 | I |
| 2 | A configuração administrativa deve promover a agricultura natural | 118 | 81.94 | II |
| 3 | Deve ser dada formação aos agricultores sobre agricultura natural | 110 | 76.38 | III |
| 4 | Devem ser realizados programas de sensibilização tanto para os agricultores como para os consumidores | 104 | 72.22 | IV |
| 5 | Deve existir uma facilidade de mercado para os produtos naturais/produtos de base | 97 | 67.36 | V |
| 6 | O governo deve conceder facilidades de empréstimo para a compra de gado, a fim de promover a agricultura natural | 92 | 63.88 | VI |
| 7 | A orientação técnica deve ser fornecida por cientistas, peritos e pessoal privado no domínio da agricultura natural | 84 | 58.33 | VII |
| 8 | Disponibilidade de empréstimos ou subsídios nos primeiros 2-3 anos para reduzir o risco na agricultura natural | 79 | 54.86 | VIII |
| 9 | Os factores de produção agrícola devem ser fornecidos atempadamente | 75 | 52.08 | IX |
| 10 | Deve ser organizado o reconhecimento e a atribuição de prémios aos agricultores bem sucedidos na agricultura natural | 71 | 49.30 | X |
| Região de Saurashtra | | Zala 2021 | | |

Zala (2021) relatou que as principais sugestões oferecidas pelos agricultores para a prática da agricultura natural foram: deve ser assegurado um preço elevado para os produtos naturais, a estrutura administrativa deve promover a agricultura natural, deve ser dada formação aos agricultores sobre a agricultura natural.

## Agricultura biológica

### Quadro 7: Atitudes gerais dos agricultores em relação à adoção da agricultura biológica n=180

| Sr. Não. | Declarações de atitude | TWS | Classificação |
|---|---|---|---|
| 1 | Os produtos biológicos são mais saudáveis para a família | 671 | I |
| 2 | Os rendimentos biológicos são demasiado baixos | 667 | II |
| 3 | Sem a utilização de pesticidas químicos, pode ocorrer uma elevada infestação de pragas. | 665 | III |
| 4 | A agricultura biológica é demasiado trabalhosa | 646 | IV |
| 5 | Os agricultores biológicos vivem em maior harmonia com a natureza | 645 | V |
| 6 | A utilização de produtos químicos é negativa para a saúde das pessoas e dos animais | 639 | VI |
| 7 | A utilização de insumos químicos melhora o aspeto do produto | 615 | VII |
| 8 | A agricultura biológica reduz a produção de químicos para o ambiente | 608 | VIII |
| 9 | O apoio governamental à agricultura biológica é importante | 579 | IX |
| 10 | A agricultura biológica exige custos elevados de certificação e inspeção | 573 | X |
| Una (Himachal Pradesh) | | Partiksha 2022 | |

Partiksha (2022) estudou as atitudes dos agricultores em relação à agricultura biológica e referiu que os produtos biológicos são mais saudáveis para a família, seguidos de rendimentos biológicos demasiado baixos e de uma elevada infestação de pragas sem pesticidas químicos.

**Quadro 8: Perceção do agricultor sobre a agricultura biológica n=130**

| Sr. nº. | Declarações | Média | Classificação | SD |
|---|---|---|---|---|
| 1 | A agricultura biológica é rentável | 3.46 | IV | 1.16 |
| 2 | A agricultura biológica é sustentável. | 3.80 | II | 1.10 |
| 3 | A agricultura biológica não gera fumos venenosos no ar. | 3.84 | I | 1.13 |
| 4 | O lucro é menor na agricultura biológica do que na agricultura não biológica. | 3.84 | I | 1.15 |
| 5 | A agricultura biológica é um investimento dispendioso. | 3.20 | V | 1.10 |
| 6 | A agricultura biológica é favorável ao ambiente. | 3.69 | III | 0.72 |
| 7 | A certificação biológica é necessária para a comercialização dos produtos agrícolas. | 2.50 | VII | 0.87 |
| 8 | Conhece o tipo de sementes utilizadas na agricultura biológica | 2.46 | VIII | 0.84 |
| 9 | Conhece os tipos de adubos orgânicos utilizados na agricultura biológica. | 3.03 | VI | 1.00 |
| Bilaspur (Himachal Pradesh) | | Kaushal 2022 | | |

Kaushal (2022) apresentou a perceção dos agricultores sobre a agricultura biológica e concluiu que a agricultura biológica não gera fumos venenosos no ar, seguida de que o lucro é menor na agricultura biológica do que na agricultura não biológica, que a agricultura biológica é sustentável e que a agricultura biológica é favorável ao ambiente, sendo estas as percepções mais comuns entre os agricultores.

**Quadro 9: Práticas de agricultura biológica adoptadas pelos agricultores n=130**

| Sr.no. | Práticas de agricultura biológica | Média | Classificação | SD |
|---|---|---|---|---|
| 1 | Rotação de culturas para controlar as ervas daninhas e as pragas e também para melhorar a fertilidade do solo. | 2.32 | II | 0.73 |
| 2 | Monda manual/monda à mão. | 2.37 | I | 0.75 |
| 3 | Culturas intercalares / culturas mistas. | 2.19 | V | 0.73 |
| 4 | Utilização de estrume animal como fertilizante orgânico. | 2.30 | III | 0.75 |
| 5 | Utilização de resíduos vegetais para a produção de fertilizante orgânico. | 1.78 | VII | 0.77 |
| 6 | Utilizar os resíduos da cozinha. | 1.56 | | 0.74 |
| 7 | Cobertura vegetal para controlar as ervas daninhas. | 1.91 | VI | 0.62 |
| 8 | Adubação verde ou plantação de culturas de cobertura para reduzir a erosão do solo e aumentar a sua fertilidade. | 1.65 | IX | 0.70 |
| 9 | Utilizar a rega gota a gota. | 1.40 | X | 0.78 |
| 10 | Utilização do método da armadilha (armadilha luminosa) para controlar as pragas. | 1.06 | XII | 0.35 |
| 11 | Utilização de placas adesivas para o controlo de pragas. | 1.04 | XIV | 0.25 |
| 12 | Utilização de calêndula ou de outras plantas para controlo de pragas. | 1.25 | XI | 0.50 |
| 13 | Realizar podas para reduzir as doenças que atacam as plantas. | 1.91 | VI | 0.60 |
| 14 | Compostagem para melhorar a fertilidade do solo e a conservação da água. | 2.24 | IV | 0.72 |
| 15 | Vermicompostagem. | 1.70 | VIII | 0.76 |
| 16 | Utilizar folhas de neem. | 1.05 | XIII | 0.27 |
| Bilaspur (Himachal Pradesh) | | Kaushal 2022 | | |

Kaushal (2022) observou que as práticas adoptadas pelos agricultores biológicos eram a monda manual, a rotação de culturas, a utilização de estrume animal, a cultura intercalar e a compostagem, que são as práticas predominantemente praticadas agricultores. A utilização do método das armadilhas, a utilização de tábuas adesivas e a utilização de folhas de nim são as práticas menos adoptadas pelos agricultores.

### Quadro 10: Factores que motivam os agricultores a adotar a agricultura biológica

| N.º Sr. | Declarações | Média | Classificação | SD |
|---|---|---|---|---|
| 1 | Quero deixar de utilizar produtos químicos. | 2.53 | V | 0.58 |
| 2 | O risco de poluição é menor na agricultura biológica. | 2.34 | IX | 0.52 |
| 3 | Quero aumentar a fertilidade do solo. | 2.76 | II | 0.44 |
| 4 | Preocupo-me com a saúde e o bem-estar dos animais. | 2.46 | VI | 0.56 |
| 5 | Preocupo-me com a minha saúde pessoal. | 2.78 | I | 0.44 |
| 6 | Proteger a saúde dos seres humanos é a minha responsabilidade moral. | 2.29 | XI | 0.64 |
| 7 | Quero manter a viabilidade financeira da quinta. | 2.41 | VIII | 0.53 |
| 8 | Quero produzir alimentos de qualidade, uma vez que a utilização de pesticidas diminui a qualidade dos alimentos. | 2.65 | IV | 0.52 |
| 9 | Estou interessado na agricultura biológica porque é popular entre os agricultores locais. | 1.71 | III | 0.61 |
| 10 | Quero melhorar o braço para a próxima geração. | 2.10 | XIII | 0.73 |
| 11 | Terei mais lucro se me converter à agricultura biológica. | 2.32 | X | 0.57 |
| 12 | Quero ver-me livre de dívidas. | 2.28 | XII | 0.77 |
| 13 | Quero ter um rendimento mais estável. | 2.40 | VIIII | 0.55 |
| 14 | Quero aumentar o valor dos produtos agrícolas através da agricultura biológica. | 2.41 | VII | 0.57 |
| 15 | Ao converter-me à agricultura biológica, poderei conservar os recursos energéticos. | 1.71 | XIV | 0.70 |
| Bilaspur (Himachal Pradesh) | | Kaushal 2022 | | |

Kaushal (2022) estudou os factores que motivam os agricultores a adoptarem a agricultura biológica e revelou que a preocupação com a saúde pessoal, o aumento da fertilidade do solo, a não utilização de produtos químicos e a produção de alimentos de qualidade são as afirmações que são muito importantes para os agricultores e que os motivam.

**Quadro 11: Constrangimentos percepcionados pelos agricultores para a certificação biológica n=60**

| Sr. Nã o. | Restrição | Frequência | Percentagem | Classificação |
|---|---|---|---|---|
| 1 | Desconhecimento dos vários benefícios da CO | 41 | 68.33 | V |
| 2 | Falta de sensibilização para o procedimento de CO | 51 | 85.00 | III |
| 3 | Taxas de certificação muito elevadas | 43 | 71.67 | IV |
| 4 | Processo muito fastidioso e moroso | 54 | 90.00 | I |
| 5 | Até ao momento, não foi observada qualquer atividade de OC no bairro | 34 | 56.67 | VI |
| 6 | Elevado custo de cultivo quando cultivado para certificação | 52 | 86.67 | II |
| 7 | Aplicação, preparação da exploração, satisfação das necessidades, compromisso separado do agricultor | 28 | 46.67 | VII |
| Andhra Pradesh | | Kadiri 2023 | | |

Kadiri (2023) constatou que os principais constrangimentos à obtenção da certificação biológica eram: a certificação biológica é um processo muito fastidioso e moroso, seguido de um elevado custo de cultivo quando cultivado para OC e da falta de sensibilização para o procedimento de certificação biológica.

**Quadro 12: Problemas enfrentados pelos agricultores beneficiários do PKVY na adoção da tecnologia da agricultura biológica n=216**

| Sr. Não. | Problemas | Frequência | Por cento | Classificação |
|---|---|---|---|---|
| 1 | Indisponibilidade de mercado a nível de bloco para a venda de produtos biológicos | 130 | 60.19 | I |
| 2 | Falta de confiança dos consumidores no mercado dos produtos biológicos com certificação PGS | 86 | 39.81 | V |
| 3 | Baixo rendimento na agricultura biológica | 103 | 47.69 | IV |
| 4 | Não há preço mínimo de apoio (PMA) para os produtos biológicos | 114 | 52.78 | II |
| 5 | Falta de conhecimentos sobre medidas eficazes de controlo de insectos, pragas e doenças | 106 | 49.07 | III |
| 6 | Dependência de intermediários para o escoamento dos produtos biológicos | 81 | 37.50 | VII |
| 7 | Programas de formação inadequados no domínio da agricultura biológica | 52 | 24.07 | X |
| 8 | Não existem incentivos ou prémios especiais para os agricultores biológicos | 54 | 25.00 | IX |
| 9 | Não disponibilidade atempada de insumos orgânicos como biopesticidas, bioagentes e armadilhas com feromonas | 76 | 35.19 | VIII |
| 10 | Forte incidência de pragas e doenças na agricultura biológica | 82 | 37.96 | VI |
| Chhattisgarh | | Prasad et al., 2022 | | |

Prasad et al., (2022) estudaram os problemas enfrentados pelos agricultores beneficiários do PKVY na adoção da tecnologia da agricultura biológica. Os principais problemas eram a indisponibilidade de mercado a nível do quarteirão para a venda de produtos biológicos (60,), seguida da inexistência de um preço mínimo de apoio (PMS) para os produtos biológicos (52,) e da falta de conhecimentos sobre medidas de controlo eficazes de pragas e doenças (49,07%).

**Quadro 13: Constrangimentos enfrentados pelos agricultores da agricultura biológica n=120**

| N.º Sr. | Restrições | Frequência | Por cento | Classificação |
|---|---|---|---|---|
| 1 | Escassez de terras niveladas | 95 | 79.16 | I |
| 2 | Falta de uma rede de comercialização garantida para os produtos biológicos | 90 | 75.00 | II |
| 3 | Falta de formação adequada sobre agricultura biológica | 88 | 73.33 | III |
| 4 | Custo elevado dos factores de produção, nomeadamente sementes, biofertilizantes, adubo orgânico, etc. | 87 | 72.50 | IV |
| 5 | Não há prémio de preço no mercado local para os produtos biológicos | 85 | 70.83 | V |
| 6 | Fornecimento inadequado e inoportuno de factores de produção agrícola | 80 | 66.66 | VI |
| 7 | Perda de rendimento inicial | 78 | 65.00 | VII |
| 8 | Não disponibilidade de literatura adequada relacionada com a agricultura biológica | 77 | 64.16 | VIII |
| 9 | Falta de conhecimento sobre as variedades resistentes | 73 | 60.83 | IX |
| 10 | O processo de certificação é muito complicado e dispendioso | 71 | 59.16 | X |
| Os Dangs, Gujarat | | Kalasariya 2020 | | |

Kalasariya (2020) revelou que os principais condicionalismos enfrentados pelos agricultores que praticam a agricultura biológica eram a escassez de terras niveladas, seguida da falta de uma rede de comercialização garantida para os produtos biológicos e da falta de formação adequada sobre agricultura biológica.

**Quadro 14: Sugestões dadas pelos agricultores beneficiários do PKVY para a adoção de tecnologias de agricultura biológica n=216**

| Sr. Não. | Sugestões | Frequência | Por cento | Classificação |
|---|---|---|---|---|
| 1 | O governo deve desenvolver um mercado a nível local para os produtos biológicos. | 138 | 63.89 | I |
| 2 | O Governo deve fornecer factores de produção biológica essenciais a preços baixos aos agricultores biológicos | 112 | 51.85 | II |
| 3 | Os funcionários do PKVY devem assegurar-se de que todas as informações relacionadas com a agricultura biológica são disponibilizadas de acordo com as necessidades dos agricultores | 93 | 43.06 | VI |
| 4 | Os responsáveis pela agricultura devem fornecer factores de produção biológica de boa qualidade em tempo oportuno | 84 | 38.89 | VIII |
| 5 | O Governo deve declarar um preço mínimo de apoio para os produtos biológicos | 108 | 50.00 | IV |
| 6 | O governo deveria ter um departamento de certificação biológica separado | 110 | 50.93 | III |
| 7 | O governo deve conceder subsídios para a compra de alfaias e equipamentos. | 82 | 37.96 | IX |
| 8 | O governo deveria organizar mais programas de formação sobre agricultura biológica. | 89 | 41.20 | VII |
| 9 | O governo deveria fornecer um seguro especial aos agricultores biológicos para minimizar o risco | 95 | 43.98 | V |
| 10 | O governo deveria fornecer alguns incentivos aos agricultores biológicos para a popularização da agricultura biológica | 73 | 33.80 | X |
| Chhattisgarh | | Prasad et al., 2022 | | |

Prasad et al., (2022) revelaram que 63,89% dos agricultores beneficiários sugeriram que o governo deveria desenvolver um mercado a nível local para os produtos biológicos, seguido de que o governo deveria fornecer insumos biológicos essenciais a preços baixos aos agricultores biológicos (51,85%) e que o governo deveria ter um departamento de certificação biológica separado (50,93%).

**Quadro 15: Sugestões dadas pelos agricultores em matéria de agricultura biológica n=216**

| Sr. não. | Sugestões | Frequência | Por cento | Classificação |
|---|---|---|---|---|
| 1 | O governo fornece a facilidade de nivelamento do terreno | 94 | 78.33 | I |
| 2 | Deve estar disponível uma rede de comercialização de produtos agrícolas biológicos | 89 | 74.16 | II |
| 3 | O programa de formação sobre agricultura biológica deve ser organizado através de agências governamentais | 87 | 72.50 | III |
| 4 | Redução do custo dos factores de produção necessários para a agricultura biológica | 85 | 70.83 | IV |
| 5 | Deve ser criado um local de comercialização separado para a venda de produtos biológicos | 84 | 70.00 | V |
| 6 | Deve ser assegurado o fornecimento adequado e atempado de factores de produção agrícola para a agricultura biológica | 82 | 68.33 | VI |
| Os Dangs, Gujarat | | Kalasariya 2020 | | |

Kalasariya (2020) constatou que as principais sugestões dos agricultores biológicos eram as seguintes: o governo deve facilitar o nivelamento das terras, deve existir uma rede de comercialização de produtos agrícolas biológicos e deve ser organizado um programa de formação sobre agricultura biológica através de agências governamentais.

## Sistema Agrícola Integrado

**Fig 1: Distribuição dos agricultores de acordo com o seu nível de conhecimento do Sistema Integrado de Exploração Agrícola (IFS) n=128**

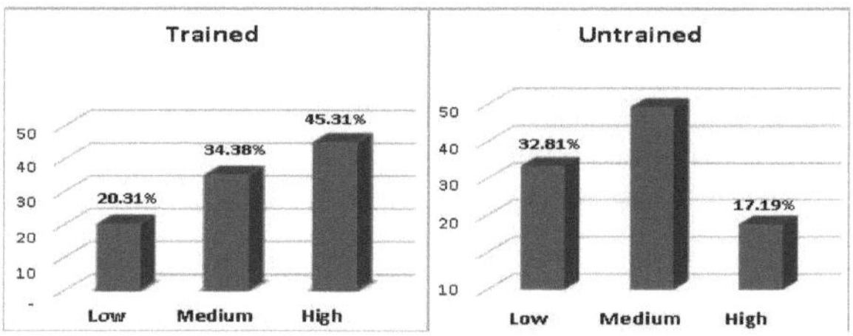


| Região de Saurashtra | Dervaliya 2021 |
|---|---|

Dervaliya (2021) observou que a maioria dos agricultores com formação tinha um nível elevado de conhecimentos (45,) sobre o sistema de agricultura integrada, enquanto a maioria dos agricultores sem formação tinha um nível médio de conhecimentos (17,19%).

**Quadro 16: Perceção dos agricultores em relação ao sistema de agricultura integrada (IFS)n=110**

| Sr. não. | Declarações | TWS | Classificação |
|---|---|---|---|
| 1 | O IFS é uma abordagem sustentável da agricultura. | 445 | V |
| 2 | O IFS contribui para aumentar o rendimento anual dos agricultores. | 476 | II |
| 3 | O IFS pode manter o dinheiro nas mãos dos agricultores durante todo o ano. | 462 | III |
| 4 | Várias empresas do IFS garantem rendimentos apesar da incerteza das condições agrícolas. | 420 | VIII |
| 5 | O IFS melhora a saúde do solo. | 360 | IX |
| 6 | Os IFS ajudam a utilizar eficazmente os resíduos das explorações agrícolas como factores de produção. | 430 | VII |
| 7 | O IFS reduz o custo dos factores de produção sintéticos e dos produtos químicos perigosos. | 328 | XI |
| 8 | O IFS melhora o nível de vida dos agricultores. | 437 | VI |
| 9 | O IFS pode fornecer alimentos nutritivos e equilibrados às famílias dos agricultores através de várias empresas agro-industriais. | 485 | I |
| 10 | A dimensão da exploração agrícola afecta a adoção do sistema de agricultura integrada. | 353 | X |
| 11 | O sistema agrícola integrado é uma solução para os desafios enfrentados pelos pequenos agricultores e pelos agricultores marginais. | 451 | IV |
| Mandi (Himachal Pradesh) | | Rana 2023 | |

Rana (2023) estudou as percepções dos agricultores relativamente ao Sistema Integrado de Produção Agrícola (IFS). Os agricultores reconheceram o IFS como uma abordagem sustentável com potencial para aumentar o rendimento, melhorar os padrões de vida e fornecer alimentos nutritivos equilibrados para as suas famílias. A afirmação "O IFS pode fornecer alimentos nutritivos e equilibrados às famílias dos agricultores através de várias agro-empresas" ficou em primeiro lugar (I) devido ao facto de os agricultores enfatizarem a integração da pecuária com a produção vegetal para satisfazer as necessidades alimentares das suas famílias. Em contraste, a afirmação "O IFS reduz o custo de insumos sintéticos e produtos químicos perigosos" ficou em último lugar (XI) porque os agricultores expressaram preocupações sobre a disponibilidade de estrume suficiente para a produção de culturas, levando-os a confiar na compra de fertilizantes de forma consistente, independentemente da disponibilidade de alternativas orgânicas.

**Quadro 17: Constrangimentos enfrentados pelos agricultores IFS ao manterem os Sistemas Agrícolas Integrados n=217**

| Sr. Não. | Restrições | Quociente baseado na classificação | Classificação |
|---|---|---|---|
| 1. | Falta de capital/financiamento para criar e manter mais do que uma empresa | 93.71 | I |
| 2. | Falta de canais de comercialização adequados a nível das aldeias | 90.28 | II |
| 3. | Disponibilidade intempestiva de factores de produção de boa qualidade | 86.85 | III |
| 4. | Falta de conhecimento sobre a existência de modelos científicos de IFS | 82.28 | IV |
| 5. | Falta de competências de gestão para manter mais do que uma empresa em simultâneo | 80.00 | V |
| 6. | Difusão intempestiva dos conhecimentos técnicos mais recentes sobre os modelos IFS | 78.28 | VI |
| 7. | Falta de apoio do serviço veterinário local para cuidar dos animais numa empresa baseada na pecuária | 76.00 | VII |
| 8. | Indisponibilidade de orientação das estações de investigação locais | 66.28 | VIII |
| 9. | Falta de motivação para diversificar as explorações | 61.14 | IX |
| Cooch Behar (W.B.) | | Reddy 2023 | |

Reddy (2023) mostrou que a maioria dos agricultores do IFS considerava o constrangimento "Falta de capital/financiamento para iniciar e manter mais do que uma empresa" (93,) como principal, seguido da "Falta de canais de comercialização adequados a nível da aldeia" (90,28%) como o segundo maior constrangimento, e a disponibilidade intempestiva de factores de produção de boa qualidade (86,85%) como o terceiro mais importante

**Quadro 18: Constrangimentos enfrentados pelos agricultores relativamente ao Sistema Agrícola Integrado n=120**

| N.º Sr. | Restrições | Sim | Não | Classificação |
|---|---|---|---|---|
| 1) | Falta de apoio financeiro das instituições financeiras | 93 (77,50 por cento) | 27 (22,50 por cento) | II |
| 2) | Falta de infra-estruturas de mercado | 97 (80,83 por cento) | 23 (19,17 por cento) | I |
| 3) | Falta de conhecimentos científicos sobre a criação de animais | 65 (54,17 por cento) | 55 (45,83 por cento) | VI |
| 4) | Falta de formação sobre o sistema de agricultura integrada | 88 (73,33 por cento) | 32 (26,67 por cento) | IV |
| 5) | Ausência de instalações de armazenamento para produtos agrícolas perecíveis | 90 (75,00 por cento) | 30 (25,00 por cento) | III |
| 6) | Falta de bons meios de transporte para os produtos agrícolas | 79 (65,83 por cento) | 41 (34,17 por cento) | V |
| Latur (Maharashtra) | | Borade 2021 | | |

Borade (2021) indicou que os principais constrangimentos enfrentados pelos inquiridos do distrito de Latur neste estudo sobre o sistema de agricultura integrada eram a falta de instalações de mercado, seguida da falta de apoio financeiro de instituições financeiras e da falta de instalações de armazenamento para produtos agrícolas perecíveis.

### Quadro 19: Sugestões dos agricultores do IFS para ultrapassar os constrangimentos que enfrentam n=217

| Sr. Não. | Sugestão | Quociente baseado na classificação | Classificação |
|---|---|---|---|
| 1. | Taxas de juro fáceis ou baixas para empréstimos a pequenos agricultores e agricultores marginais para a criação de IFS | 91.42 | I |
| 2. | Devem ser disponibilizados aos agricultores canais de comercialização adequados e acessíveis aos agricultores, para que estes possam comercializar os produtos obtidos com os modelos IFS | 87.42 | II |
| 3. | O Governo deve garantir que os factores de produção de boa qualidade lhes sejam disponibilizados a um preço acessível | 84.57 | III |
| 4. | Sensibilização, com a ajuda dos KVK, para os modelos científicos IFS propostos pelo ICAR | 80.57 | IV |
| 5. | Os agricultores do IFS devem beneficiar de um programa de formação de competências para manterem as empresas num modelo IFS, de modo a poderem obter bons lucros | 77.71 | V |
| 6. | Devem ser utilizadas estratégias de extensão eficazes para a difusão atempada dos conhecimentos técnicos mais recentes sobre o IFS | 75.42 | VI |
| 7. | Deve ser efectuada uma boa coordenação entre os extensionistas, o departamento veterinário e os agricultores para resolver os problemas das unidades populacionais vivas | 72.57 | VII |
| 8. | As estações de investigação locais devem monitorizar atempadamente os modelos IFS adoptados pelos agricultores para manter os modelos IFS | 62.85 | VIII |
| 9. | Os agricultores devem ser motivados pelos extensionistas, mostrando-lhes os modelos bem sucedidos de IFS geridos pelos agricultores das aldeias vizinhas | 42.85 | IX |
| Cooch Behar (W.B.) | | Reddy 2023 | |

Reddy (2023) expôs as sugestões apresentadas pelos agricultores do IFS e afirmou que a maioria dos inquiridos considerava que a sugestão "Taxas de juro fáceis ou baixas sobre os empréstimos concedidos aos pequenos agricultores e aos agricultores marginais para estabelecerem o IFS" (91,42%) era importante entre todas, seguida de "Devem ser disponibilizados aos agricultores canais de comercialização adequados que possam ser acessíveis aos agricultores, para que estes possam comercializar os produtos que obtiveram dos modelos IFS" (87,42%).42 por cento) era importante entre todas, seguida de 'Canais de comercialização adequados que podem ser acessíveis aos agricultores, devem ser disponibilizados aos agricultores para comercializar os seus produtos obtidos a partir de modelos IFS' (87,42 por cento) em segundo lugar e 'O governo deve certificar-se de que os insumos de boa qualidade devem estar disponíveis a um preço acessível' (84,57 por cento) como terceiro maior constrangimento.

## Agroflorestação

### Quadro 20: Respostas dos agricultores sobre as razões para a adoção da Agrofloresta n=80

| Sr. nº. | Declarações | TWS | Classificação |
|---|---|---|---|
| 1 | Diversificação das culturas | 359 | III |
| 2 | Minimização dos riscos | 349 | V |
| 3 | Rendimentos máximos | 359 | III |
| 4 | Melhorar a saúde do solo | 363 | II |
| 5 | Utilização correta dos terrenos | 367 | I |
| 6 | Disponibilidade de diferentes produtos no mercado | 355 | IV |
| Solan (Himachal Pradesh) | | Sumeet 2022 | |

Sumeet (2022) observou as respostas dos agricultores revelam as principais razões para a adoção da Agrofloresta: utilização adequada da terra, seguida da melhoria da saúde do solo, máximo retorno e diversificação de culturas.

### Quadro 21: Respostas dos agricultores sobre a sua perceção da Agroflorestação n=80

| N.º Sr. | Declarações | TWS | Classificação |
|---|---|---|---|
| 1 | A agrossilvicultura não é possível em pequenas parcelas de terra | 373 | II |
| 2 | A adoção da agrossilvicultura tem um custo de entrada mais baixo | 158 | IX |
| 3 | A diversificação aumenta o rendimento dos agricultores | 372 | III |
| 4 | Proteger as culturas contra a tempestade de vento, actuando como um quebra-vento | 336 | VIII |
| 5 | A agro-silvicultura diminui o risco devido à diversificação | 352 | VI |
| 6 | Competição entre árvores e culturas agrícolas por nutrientes, luz solar e humidade | 341 | VII |
| 7 | Diminuir a erosão do solo e aumentar a sua fertilidade | 356 | V |
| 8 | A agro-silvicultura responde à escassez de lenha | 388 | I |
| 9 | A madeira e os postes de boa qualidade serão construídos | 369 | IV |
| Solan (Himachal Pradesh) | | Sumeet 2022 | |

Sumeet (2022) observou as respostas dos agricultores mostrando as principais percepções em relação à Agrofloresta, que eram: a Agrofloresta preenche a escassez de lenha, a Agrofloresta não é possível em pequenas parcelas de terra e a Diversificação aumenta o rendimento dos agricultores.

**Tabela 22: Factores motivacionais que influenciam a adoção da Agroflorestação n=100**

| Sr. nº. | Declarações | TWS | Classificação |
|---|---|---|---|
| 1 | Diversificação das culturas | 413 | III |
| 2 | Rendimentos elevados | 414 | II |
| 3 | Utilização correta dos solos | 435 | I |
| 4 | Fonte de rendimento | 410 | IV |
| 5 | Disponibilidade de combustível, forragem e madeira | 410 | IV |
| 6 | Minimização dos riscos | 403 | V |
| Una (Himachal Pradesh) | | Sharma 2023 | |

Sharma (2023) estudou os principais factores de motivação que influenciam a adoção da agrossilvicultura, a saber: a utilização adequada da terra, seguida de rendimentos elevados e da diversificação das culturas, contribui para a adoção da agrossilvicultura.

**Quadro 23: Problemas enfrentados pelos agricultores para a adoção da Agrofloresta**

| Sr. não. | Declarações | TWS | Classificação |
|---|---|---|---|
| 1 | Pequena dimensão da exploração agrícola | 231 | VI |
| 2 | Falta de facilidades de crédito | 294 | V |
| 3 | Falta de incentivos | 302 | III |
| 4 | Custo elevado dos factores de produção agro-florestais | 322 | II |
| 5 | Longo período de geração das árvores | 348 | I |
| 6 | Falta de sensibilização | 196 | VIII |
| 7 | Acesso deficiente ao mercado | 295 | IV |
| 8 | Escassez de mudas | 198 | VII |
| Solan (Himachal Pradesh) | | Sumeet 2022 | |

Sumeet (2022) revelou que os principais problemas enfrentados pelos agricultores para a adoção da Agrofloresta foram: longos períodos de geração de árvores, seguidos pelo alto custo dos insumos da agrofloresta e falta de incentivos.

**Tabela 24: Problemas na adoção de práticas agroflorestais n=100**

| Sr. não. | Declarações | TWS | Classificação |
|---|---|---|---|
| 1 | Pequena dimensão da exploração agrícola | 401 | V |
| 2 | Falta de mudas | 407 | IV |
| 3 | Acesso deficiente ao mercado | 396 | VI |
| 4 | Falta de subvenção | 428 | I |
| 5 | Custo inicial elevado dos factores de produção para as práticas agro-florestais | 424 | II |
| 6 | Falta de sensibilização e conhecimentos insuficientes | 408 | III |
| 7 | Período de gestação mais longo da cultura arbórea | 408 | III |
| Una (Himachal Pradesh) | | Sharma 2023 | |

Sharma (2023) constatou que os principais problemas na adoção de práticas agroflorestais pelos agricultores eram a falta de subsídios, seguida do elevado custo inicial dos factores de produção para as práticas agroflorestais, a falta de sensibilização e de conhecimentos e o período de gestação mais longo das culturas arbóreas.

**Tabela 25: Sugestões dadas pelos agricultores para a adoção de sistemas agroflorestais n=120**

| Sr. não. | Sugestões | Frequência | Por cento |
|---|---|---|---|
| 1. | Os agricultores devem dispor de ferramentas mecânicas de baixo custo e de armadilhas eléctricas para proteger as suas culturas dos animais selvagens. | 118 | 98.00 |
| 2. | Mostrar o filme sobre Agroflorestação na aldeia. | 100 | 83.33 |
| 3. | Juntamente com as mudas, deve ser fornecida aos agricultores literatura sobre as árvores e as suas técnicas de plantação. | 90 | 75.00 |
| 4. | Os serviços públicos de saúde animal devem ser prestados a preços simbólicos. | 60 | 50.00 |
| 5. | As regras e os regulamentos mais recentes relativos ao corte/abate e ao transporte dos produtos florestais agrícolas devem ser defendidos junto dos aldeões pelo panchayat ou pelo departamento florestal. | 50 | 25.00 |
| 6. | Os serviços clínicos devem ser mais acessíveis aos agricultores no que respeita aos animais de criação e às aves de capoeira. | 30 | 25.00 |
| 7. | As pessoas devem ser informadas sobre o fornecimento gratuito de plântulas e sobre o período de distribuição, bem como sobre a sua disponibilização aquando das primeiras chuvas da estação. | 37 | 46.27 |

| | | | |
|---|---|---|---|
| 8. | O governo deve recrutar um número suficiente de veterinários em cada panchayat. | 23 | 11.50 |
| 9. | Divulgar as informações técnicas e comerciais através de programas de rádio e televisão na língua local. | 10 | 5.00 |
| 10. | Deve ser disponibilizado apoio financeiro aos pequenos agricultores e aos agricultores marginais e devem ser-lhes concedidos empréstimos a longo prazo através de sociedades cooperativas. | 29 | 36.29 |
| 11. | Criar facilidades de mercado e, nos casos em que não existam facilidades de mercado para pequenas quantidades de produtos florestais, o departamento florestal deve ajudar os agricultores a obter preços remuneradores. | 11 | 13.76 |
| 12. | Devem ser organizadas parcelas de demonstração agroflorestal nos campos dos agricultores, bem como em explorações agrícolas governamentais ou universitárias. | 28 | 35.00 |
| 13. | Dar-lhes conselhos sobre a seleção de terrenos e a plantação de árvores nas suas explorações agrícolas. | 7 | 8.79 |
| 14. | As pessoas devem ser motivadas a participar no programa Van-Mahotsav e formar sociedades cooperativas de arrancadores de árvores. | 11 | 13.75 |
| Ratnagiri (Konkan) | | Dahiphale et al., (2022) | |

Dahiphale et al., (2022) estudaram as principais sugestões dadas pelos agricultores para a adoção de sistemas agroflorestais: os agricultores devem receber ferramentas mecânicas de baixo custo e armadilhas eléctricas para proteger as suas culturas de animais selvagens e, em seguida, mostrar o filme sobre agroflorestação na aldeia e a literatura sobre árvores e as suas técnicas de plantação deve ser dada aos agricultores juntamente com as mudas.

**Tabela 26: Comparação económica da plantação de choupos em bloco com a cultura intercalar de trigo e o sistema de cultura puro trigo-paddy com um desconto de 9% no sistema agroflorestal n=104**

| Anos | Sistema agroflorestal | Sistema de cultura pura |
|---|---|---|
| Valor da anuidade (Rs/acre) | | |
| 2012-13 | 68509 | 43872 |
| 2013-14 | 51995 | 46696 |
| 2014-15 | 49717 | 47780 |
| 2015-16 | 41882 | 50191 |
| 2016-17 | 51987 | 52353 |
| Rácio benefício-custo (BCR) | | |
| 2012-13 | 5.38 | 3.34 |
| 2013-14 | 4.19 | 3.42 |
| 2014-15 | 4.16 | 3.31 |
| 2015-16 | 3.66 | 3.37 |
| 2016-17 | 4.32 | 3.31 |
| Ludhiana | | Singh (2017) |

Singh (2017) verificou que, no período de estudo, o preço do choupo foi mais elevado no ano de 2013 e que, durante esse ano, os agricultores que tinham colhido a sua plantação tinham a anuidade e o BCR (Benefit Cost Ratio) mais elevados. O valor da anuidade foi de Rs 68509 e o BCR foi de 5,38 a uma taxa de desconto de 9%, respetivamente. No mesmo ano, a anuidade e o BCR do sistema de cultura pura foram de Rs 43872 por acre e 3,34, respetivamente.

## Diversificação agrícola

**Quadro 27: Constrangimentos enfrentados pelos agricultores na diversificação agrícola n=252**

| Sr. Não. | Restrições | Pontuação média | Classificação |
|---|---|---|---|
| 1 | Falta de financiamento suficiente para criar novas empresas. | 1.63 | I |
| 2 | Não estão disponíveis informações adequadas sobre as diferentes empresas. | 1.48 | II |
| 3 | Falta de instalações veterinárias, como a organização de campos de vacinação, o diagnóstico de doenças nos animais, etc. | 1.37 | III |
| 4 | Os agricultores são vítimas de exploração por parte dos intermediários. | 1.33 | IV |
| 5 | Falta de sensibilização para os benefícios da diversificação agrícola. | 1.10 | V |
| 6 | O custo das sementes, dos fertilizantes e dos pesticidas é muito elevado. | 0.94 | VI |
| 7 | Falta de programas de formação suficientes para o desenvolvimento do espírito empresarial. | 0.89 | VII |
| 8 | Os factores de produção de boa qualidade não estão disponíveis em tempo útil. | 0.53 | VIII |
| 9 | A taxa de subvenção é inferior para os equipamentos/inputs. | 0.41 | IX |
| 10 | Falta de canais de comercialização adequados a nível das aldeias. | 0.23 | X |
| Região de Saurashtra | | Rathod (2023) | |

Rathod (2023) revelou que os principais constrangimentos enfrentados pelos agricultores na diversificação agrícola eram a falta de financiamento suficiente para iniciar novas empresas, seguida da falta de informação adequada sobre as diferentes empresas e da falta de instalações veterinárias.

**Quadro 28: Sugestões dadas pelos agricultores em matéria de diversificação agrícola n=252**

| Sr. Não. | Sugestões | Pontuação média | Classificação |
|---|---|---|---|
| 1 | A facilidade de crédito institucional deve ser facilmente disponibilizada, especialmente para os pequenos agricultores e os agricultores marginais. | 1.68 | I |
| 2 | O governo deveria determinar o preço razoável de diferentes factores de produção, como fertilizantes, pesticidas, etc. | 1.56 | II |
| 3 | Os programas de formação devem ser organizados atempadamente e com frequência para divulgar informações sobre a diversificação agrícola. | 1.49 | III |
| 4 | Os agricultores devem ter acesso a factores de produção atempados e de boa qualidade. | 1.34 | IV |
| 5 | Devem ser disponibilizadas instalações veterinárias adequadas. | 1.28 | V |
| 6 | Devem ser adoptadas estratégias de extensão eficazes para a difusão atempada dos conhecimentos técnicos mais recentes. | 1.23 | VI |
| 7 | Devem ser desenvolvidas tecnologias melhoradas de baixo custo que possam ser facilmente utilizadas pelos pequenos agricultores e pelos agricultores marginais. | 0.94 | VII |
| 8 | Deve ser garantida a exclusão dos intermediários da cadeia de produção e de abastecimento. | 0.67 | VIII |
| 9 | Devem ser organizados programas de desenvolvimento do espírito empresarial relativos a diferentes empresas agrícolas. | 0.44 | IX |
| 10 | Devem ser utilizadas estratégias de extensão adequadas para aumentar a sensibilização. | 0.29 | X |
| Região de Saurashtra | | Rathod (2023) | |

Rathod (2023) estudou as principais sugestões dadas pelos agricultores sobre a diversificação agrícola: a facilidade de crédito institucional deve ser facilmente disponibilizada, especialmente para os pequenos agricultores e os agricultores marginais, seguida pelo governo, que deve determinar um preço razoável de diferentes factores de produção, como fertilizantes, pesticidas, etc., e o programa de formação deve ser organizado atempadamente e com frequência para divulgar informações sobre a diversificação agrícola.

**Rotação de culturas, Culturas de cobertura, Mulching**

**Tabela 29: Distribuição dos agricultores com base na adoção de práticas culturais** n=120

| Práticas | Haryana (n=60) | Uttarakhand (n=60) | Agrupados (n=120) |
|---|---|---|---|
| Culturas intercalares | 39 (65.00) | 44 (73.33) | 83 (69.16) |
| Rotação das culturas | 21 (35.00) | 31 (51.66) | 52 (43.33) |
| Cultura de cobertura | 38 (63.33) | 41 (68.33) | 79 (65.83) |
| Mulching | 18 (30.00) | 47 (78.33) | 65 (54.00) |
| Haryana | | Padaliya et al., 2024 | |

(Os números entre parêntesis indicam a percentagem) Padaliya et al. (2024) estudaram os níveis de adoção de práticas culturais entre os agricultores e referiram que a cultura intercalar foi a principal prática adoptada (69,16%), seguida da cultura de cobertura (65,83%) e da cobertura morta (54%) e que a rotação de culturas teve a taxa de adoção mais baixa (43,33%).

**Tabela 30: Constrangimentos sentidos pelos agricultores na adoção de práticas de conservação do solo e da água n=100**

| Sr. Não. | Restrições | Frequência | Percentagem | Classificação |
|---|---|---|---|---|
| 1. | Custo relativamente mais elevado | 99 | 99.00 | I |
| 2. | Mais tempo necessário para as práticas | 91 | 91.00 | II |
| 3. | Não disponibilidade de orientação técnica atempada e adequada | 85 | 85.00 | IV |
| 4. | Falta de conhecimentos sobre as práticas | 86 | 86.00 | III |
| 5. | Indisponibilidade de factores de produção, material e mão de obra | 81 | 81.00 | V |
| 6. | Falta de informação sobre as práticas | 33 | 33.00 | IX |
| 7. | Dificuldade de cultivo | 67 | 67.00 | VI |
| 8. | Dificuldade de manutenção | 45 | 45.00 | VIII |
| 9. | Falta de orientação por parte do extensionista | 53 | 53.00 | VII |
| Bindusara (Maharashtra) | | Tamboli et al., 2022 | | |

Tamboli et al, (2022) destacaram os constrangimentos sentidos pelos agricultores na adoção de práticas de conservação do solo e da água que a maioria dos agricultores (99,00 por cento) relatou que o custo era o principal problema seguido de mais tempo necessário 91,00 por cento, falta de habilidade 86,00 por cento, não disponibilidade de orientação técnica oportuna e adequada 85,00 por cento, indisponibilidade de insumos materiais / trabalhadores 81,00 por cento, dificuldade de cultivo 67,00 por cento, falta de orientação por pessoa de extensão 53,00 por cento, dificuldade de manutenção 45,00 por cento e falta de informação sobre práticas 33,00 por cento, respetivamente.

**Quadro 31 : Problemas de rotação de culturas dos agricultores do Punjab**

**n=120**

| Sr. não. | Particular | Valor total | *Valor médio (em percentagem) | Classificação |
|---|---|---|---|---|
| 1 | Baixa produção e produtividade | 7834 | 65.28 | I |
| 2 | Baixo preço de mercado | 6957 | 57.98 | II |
| 3 | Problemas de marketing | 6757 | 56.31 | III |
| 4 | Não disponibilidade de variedades adequadas | 6699 | 55.83 | IV |
| 5 | Custo elevado da cultura | 6173 | 51.44 | V |
| 6 | Condições climatéricas | 5585 | 46.54 | VI |
| 7 | Flutuações de preços | 5427 | 45.23 | VII |
| 8 | Falta de mecanização na colheita | 5230 | 43.58 | VIII |
| 9 | Pragas e doenças | 4911 | 40.93 | XI |
| 10 | Indisponibilidade de mão de obra | 4893 | 40.78 | X |
| Punjab | | Kumar 2020 | | |

*Valor médio= Valor total/número de inquiridos X 100

Kumar (2020) concluiu que os principais problemas enfrentados pelos pequenos agricultores na rotação de culturas eram: baixa produção e produtividade (65,28%), baixo preço de mercado do produto (57,98%) e problemas de comercialização (56,31%).

**Tabela 32: Sugestões de medidas para ultrapassar os constrangimentos enfrentados pelos agricultores na adoção da rotação de culturas n=120**

| Sr. Não. | Sugestões | Por cento | Classificação |
|---|---|---|---|
| 1. | Os agricultores devem vedar os campos para proteger as culturas dos animais selvagens. | 68.00 | I |
| 2. | Os agricultores podem utilizar sistemas de irrigação por aspersão e gota-a-gota e a irrigação deve ser efectuada na fase crítica. | 62.50 | II |
| 3. | Os agricultores devem aceitar e o governo deve fornecer aconselhamento e formação atempados com a ajuda de K.V.K., Kisan Call Centre, etc. | 57.20 | III |
| 4. | Tanto o governo como os agricultores devem motivar os jovens rurais a ajudar na agricultura e a duplicar o rendimento dos agricultores. | 52.18 | IV |
| 5. | Os agricultores devem melhorar a ligação com os bancos/agências de crédito e atualizar-se com os novos regimes financeiros. | 47.28 | V |
| 6. | O Governo deve conceder subsídios para a aquisição de instrumentos/insumos agrícolas de forma fácil e ao domicílio. | 44.20 | VI |
| 7. | Os agricultores devem adotar tecnologias avançadas e modernas para a produção e gestão das culturas. | 40.33 | VII |
| 8. | Será benéfico para os agricultores darem importância à cultura anterior numa rotação. | 39.20 | VIII |
| 9. | Os agricultores devem estar a par dos preços de mercado e vender os seus produtos no mercado. | 38.15 | IX |
| 10. | Os conhecimentos inovadores devem ser fornecidos atempadamente aos agricultores por diferentes fontes de informação. | 37.00 | X |
| Milkipur (Ayodhya) | | Rohit (2019) | |

Rohit (2019) apresentou principais medidas sugestivas para superar os constrangimentos enfrentados pelos agricultores na adoção da rotação de culturas; os agricultores devem fazer a vedação do campo para a proteção da cultura por animais estray seguidos pelos agricultores podem utilizar o sistema de irrigação por aspersão e gotejamento e a irrigação deve ser feita numa fase crítica e os agricultores devem tomar e o Governo deve fornecer aconselhamento e formação atempada com a ajuda de K.V.K., Kisan Call Centre, etc.

**Tabela 33: Constrangimentos enfrentados pelos agricultores na adoção de biopesticidas n=120**

| Sr. Não. | Restrições | Frequência | Por cento | Classificação |
|---|---|---|---|---|
| 1 | Falta de conhecimentos técnicos sobre a aplicação | 72 | 60.00 | V |
| 2 | Falta de humidade no solo | 75 | 62.50 | IV |
| 3 | Indisponibilidade a preços subsidiados | 70 | 58.33 | VII |
| 4 | Indisponibilidade em tempo útil | 88 | 73.33 | I |
| 5 | A aplicação é difícil no momento da sementeira | 78 | 65.00 | III |
| 6 | Difícil de aplicar através de sistemas de irrigação por gotejamento ou aspersão | 79 | 65.83 | II |
| 7 | A aplicação não é muito eficaz quando a cultura é infestada por uma doença fúngica | 71 | 59.17 | VI |
| Rajkot | | Jagani 2022 | | |

Jagani (2022) estudou os constrangimentos enfrentados pelos agricultores na adoção de biopesticidas e concluiu que os principais constrangimentos eram: indisponibilidade no momento adequado, seguida de de aplicação através de sistema de irrigação por gotejamento ou aspersão e dificuldade de aplicação no momento da sementeira.

**Tabela 34: Constrangimentos enfrentados pelos agricultores na utilização de biopesticidasn=120**

| Sr. Não. | Restrições | MPS | Classificação |
|---|---|---|---|
| a. | Conhecimento inadequado sobre a utilização de inimigos naturais | 81.38 | I |
| b. | Falta de conhecimentos sobre biopesticidas | 79.16 | II |
| c. | Falta de conhecimento sobre o ciclo de vida das pragas e a sua infeção | 78.33 | III |
| d. | As alfaias melhoradas e os instrumentos de pulverização não estão disponíveis nas zonas rurais | 78.05 | IV |
| e. | Falta de formação sobre biopesticidas | 77.77 | V |
| f. | Falta de conhecimentos sobre a quantidade e os métodos adequados de aplicação de biopesticidas | 76.38 | VI |
| g. | Falta de orientação adequada relativamente à preparação de bio-pesticidas | 75.83 | VII |
| h. | Falta de conhecimentos sobre o tratamento de sementes | 75.27 | VIII |
| i. | Falta de conhecimentos adequados sobre a fase de dano dos insectos-praga | 74.72 | IX |
| Udaipur (Rajastão) | | Yadav 2023 | |

Yadav (2023) revelou que os agricultores enfrentam constrangimentos na utilização de biopesticidas e que os principais constrangimentos são conhecimentos inadequados sobre a utilização de inimigos naturais, seguidos de falta de conhecimentos sobre biopesticidas e falta de conhecimentos sobre o ciclo de vida das pragas e a sua infeção.

**Quadro 35: Constrangimentos enfrentados pelos utilizadores de biofertilizantes da NAUROJI n=120**

| N.º Sr. | Restrições | Frequência | Por cento | Classificação |
|---|---|---|---|---|
| 1 | Indisponibilidade de biofertilizante a nível local em alturas em que é necessário | 86 | 71.66 | I |
| 2 | Prazo de validade reduzido do biofertilizante | 73 | 60.83 | II |
| 3 | Falta de conhecimentos técnicos sobre as práticas | 68 | 56.66 | III |
| 4 | Falta de cooperação entre os agricultores relativamente à tecnologia melhorada/utilização de biofertilizantes | 65 | 54.16 | IV |
| 5 | Falta de competências técnicas para utilizar biofertilizantes | 62 | 51.66 | V |
| 6 | Falta de financiamento | 59 | 49.16 | VI |
| 7 | Incapacidade de compreender os pormenores dos biofertilizantes | 56 | 46.66 | VII |
| 8 | Indisponibilidade de literatura de extensão sobre a utilização de biofertilizantes | 54 | 45.00 | VIII |
| Navsari, Gujarat | | Patel 2020 | | |

Patel (2020) estudou os principais constrangimentos enfrentados pelos utilizadores de biofertilizante da NAUROJI e concluiu que a indisponibilidade de biofertilizante localmente nas alturas em que é necessário é o principal constrangimento, seguido de um prazo de validade reduzido do biofertilizante e da falta de conhecimentos técnicos sobre as práticas.

**Tabela 36: Constrangimentos percebidos pelos agricultores na utilização de biofertilizantes e biopesticidas. n=120**

| N.º Sr. | Restrições | Frequência | Por cento | Classificação |
|---|---|---|---|---|
| 1 | Nenhuma diferença visual no crescimento das culturas e na proteção das culturas imediatamente como a dos fertilizantes químicos e pesticidas | 102 | 85.00 | I |
| 2 | Não é tão benéfico em todas as estações | 94 | 78.33 | II |
| 3 | Não disponibilidade de biofertilizantes e biopesticidas em todos os comerciantes | 68 | 56.66 | III |
| 4 | Prazo de validade reduzido dos biofertilizantes e biopesticidas | 64 | 54.16 | IV |
| 5 | Falta de conhecimentos técnicos sobre biofertilizantes e biopesticidas | 62 | 51.66 | V |
| 6 | Falta de competências técnicas e de formação adequada em matéria de agricultura biológica | 58 | 49.18 | VI |
| 7 | Atitude negativa dos agricultores vizinhos | 56 | 46.66 | VII |
| 8 | No caso de temperaturas elevadas, a aplicação de biofertilizantes e biopesticidas não é bem sucedida | 54 | 45.00 | VIII |
| 9 | Falta de instalações de armazenamento de biofertilizantes e biopesticidas nas suas instalações | 44 | 37.00 | IX |
| 10 | Aumento da mão de obra devido ao facto de o processo ser moroso e lento | 34 | 28.33 | X |
| Saurashtra, Gujarat | | Vanpariya 2018 | | |

Vanpariya (2018) revelou que os principais constrangimentos sentidos por mais de metade dos agricultores eram: ausência de diferenças visuais no crescimento das culturas e na proteção das culturas, imediatamente como a dos fertilizantes químicos e pesticidas (85,00 por cento), seguida de não ser tão benéfico em todas as estações. (78,33 por cento), indisponibilidade de biofertilizantes e biopesticidas em todos os comerciantes (56,66 por cento).

**Tabela 37: Sugestões feitas pelos utilizadores de biofertilizantes da NAUROJI para ultrapassar os constrangimentos n=120**

| Sr. não | Sugestões | Frequência | Por cento | Classificação |
|---|---|---|---|---|
| 1 | Disponibilidade de biofertilizantes nas aldeias em tempo útil | 95 | 79.17 | I |
| 2 | O prazo de validade dos biofertilizantes deve ser melhorado | 86 | 71.67 | II |
| 3 | As cooperativas devem iniciar um programa de sensibilização sobre os conhecimentos técnicos relativos à utilização de biofertilizantes | 73 | 60.83 | III |
| 4 | As cooperativas devem motivar os agricultores progressistas para a utilização de biofertilizantes | 62 | 51.67 | IV |
| 5 | Juntamente com a venda, a agência deve fornecer aos utilizadores literatura sobre a utilização de biofertilizantes | 53 | 44.17 | V |
| 6 | As agências de financiamento devem ser afectadas aos avanços para os utilizadores de biofertilizantes | 47 | 39.17 | VI |
| Navsari, Gujarat | | Patel 2020 | | |

Patel (2020) estudou as sugestões feitas pelos utilizadores de biofertilizantes da NAUROJI para ultrapassar os constrangimentos: a disponibilidade de biofertilizantes nas aldeias em tempo oportuno, seguida de um aumento do prazo de validade dos biofertilizantes, e as cooperativas devem iniciar um programa de sensibilização sobre conhecimentos técnicos relativos à utilização de biofertilizantes.

**Tabela 38: Sugestões dos agricultores sobre a utilização de biofertilizantes e biopesticidas. n=120**

| N.º Sr. | Sugestões | Frequência | Por cento | Classificação |
|---|---|---|---|---|
| 1 | A universidade deve dar formação sobre a utilização de bio-fertilizantes e biopesticidas | 92 | 76.67 | I |
| 2 | Deve ser criada uma rede sólida de comercialização de biofertilizantes e biopesticidas | 82 | 68.33 | II |
| 3 | As explorações e os agricultores bem sucedidos devem ser identificados e podem ser utilizados como formadores | 80 | 66.67 | III |
| 4 | É urgente realizar mais investigação sobre a utilização de biofertilizantes e biopesticidas | 74 | 61.67 | IV |
| 5 | Devem ser disponibilizados biofertilizantes e biopesticidas de qualidade | 62 | 51.67 | V |
| 6 | As actividades de extensão devem ser realizadas na aldeia no momento oportuno | 48 | 40.00 | VI |
| 7 | O pessoal da extensão deve fornecer orientação e organizar o programa de formação para a utilização de biofertilizantes e biopesticidas | 36 | 30.00 | VII |
| 8 | Os funcionários da extensão devem receber formação em biofertilizantes e biopesticidas | 30 | 45.00 | VIII |
| 9 | Fornecer informações sobre os benefícios dos biofertilizantes e biopesticidas | 24 | 37.00 | IX |
| 10 | Sensibilizar para a utilização de biofertilizantes e biopesticidas | 20 | 28.33 | X |
| Saurashtra, Gujarat | | Vanpariya 2018 | | |

Vanpariya (2018) revelou que as principais sugestões de formação sobre a utilização de biofertilizantes e biopesticidas devem ser tomadas com urgência (76,67%), seguidas da criação de uma rede de comercialização sólida para biofertilizantes e biopesticidas (68,33%) e da identificação e designação de explorações e agricultores bem-sucedidos para a formação de agricultores (66,67%).

**Tabela 39: Distribuição dos agricultores com base na adoção de práticas de gestão de doenças e pragasn=120**

| Sr. não. | Doenças e práticas de gestão das pragas | Haryana (n=60) | Uttarakhand (n=60) | Agrupados (n=120) |
|---|---|---|---|---|
| 1 | Agniastra | 39 (65.00) | 32 (53.00) | 71 (68.00) |
| 2 | Neemark | 49 (81.00) | 36 (60.00) | 85 (70.00) |
| 3 | Dashparni | 24 (40.00) | 35 (58.33) | 59 (49.00) |
| 4 | Beejamrit | 47 (78.33) | 31 (51.67) | 78 (65.00) |
| 5 | Colheita com armadilhas | 29 (48.00) | 25 (41.00) | 54 (59.16) |
| 6 | Controlo biológico | 12 (20.00) | 18 (30.00) | 30 (25.00) |
| Haryana | | Padaliya et al., 2024 | | |

**(Os números entre parêntesis indicam a percentagem)**

Padaliya et al., 2024 estudaram a adoção de práticas de gestão de doenças e pragas pelos agricultores e concluíram que a maioria dos agricultores seguia as práticas Agniastra, Neemark e Beejamrit.

**Fig 2: Distribuição dos agricultores de acordo com a adoção de práticas de gestão integrada das pragas (práticas culturais) n=120**

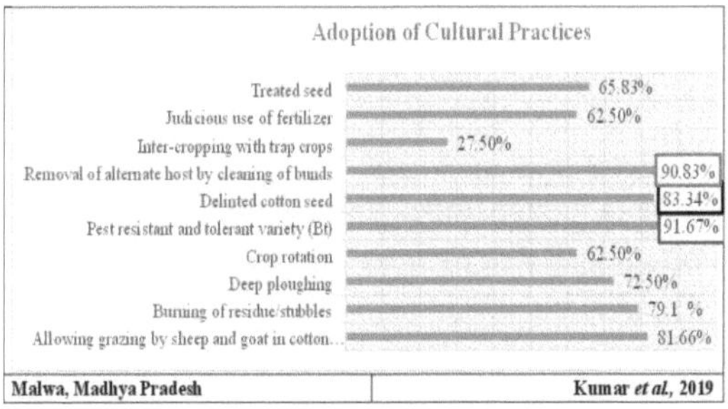


Kumar et al., 2019, estudaram a distribuição dos agricultores de acordo com a adoção de práticas integradas de gestão de pragas (práticas culturais) e constataram que as principais práticas culturais seguidas pelos agricultores eram: remoção do hospedeiro alternativo através da limpeza dos feixes, variedade resistente e tolerante a pragas e sementes de algodão deslintadas.

**Fig. 3: Distribuição dos agricultores de acordo com a adoção de práticas de gestão integrada das pragas (práticas mecânicas) n=120**

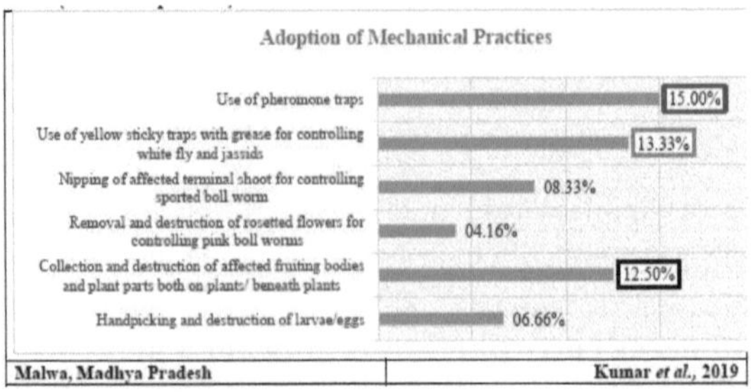


Kumar et al., 2019, estudaram a distribuição dos agricultores de acordo com a adoção de práticas integradas de gestão de pragas (práticas mecânicas) e constataram que as principais práticas mecânicas seguidas pelos agricultores eram: utilização de armadilhas com feromonas, utilização de armadilhas pegajosas amarelas com gordura para controlar a mosca branca e os jassídeos e recolha e destruição de corpos de frutificação afetados e partes de plantas, tanto nas plantas como debaixo das plantas.

**Fig 4: Distribuição dos agricultores de acordo com a adoção de práticas de gestão integrada das pragas (práticas biológicas) n=120**

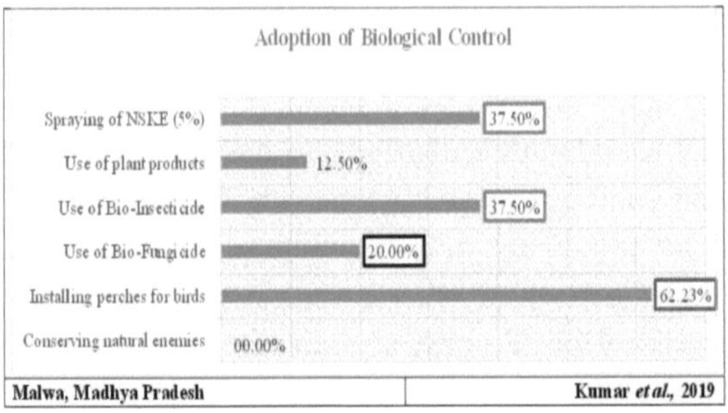


Kumar et al., 2019, estudaram a distribuição dos agricultores de acordo com a adoção de práticas integradas de gestão de pragas (práticas biológicas) e descobriram que as principais práticas biológicas seguidas pelos agricultores eram: instalação de poleiros para aves, pulverização de NSKE (5 por cento), utilização de bio-inseticida e utilização de bio-fungicidas.

**Tabela 40: Constrangimentos enfrentados pelos produtores de algodão na adoção de práticas de Gestão Integrada de Pragas n=120**

| Sr. não. | Restrições | Inquiridos=120n | | Classificação |
|---|---|---|---|---|
| | | Frequência | Percentagem | |
| 1. | Não disponibilidade de FYM | 82 | 68.33 | XI |
| 2. | Atraso nas sementeiras devido ao prolongamento da monção | 63 | 52.50 | XII |
| 3. | Indisponibilidade de armadilhas com feromonas e armadilhas luminosas de qualidade para controlar o crisomelídeo nos centros de serviços agrícolas em tempo útil | 116 | 96.67 | I |
| 4. | Não disponibilidade de agentes biológicos | 113 | 94.17 | II |
| 5. | Falta de conhecimentos adequados sobre a utilização e manuseamento de agentes biológicos | 102 | 85.00 | VI |
| 6. | Falta de demonstração e de formação sobre a instalação de armadilhas com feromonas, armadilhas luminosas, armadilhas adesivas amarelas, utilização de bioagentes para a proteção integrada | 110 | 91.67 | III |
| 7. | Indisponibilidade de uma brochura ilustrada simples sobre a gestão integrada da produção | 105 | 87.50 | IV |
| 8. | Curto período de conservação dos trichocards e problemas de armazenamento | 103 | 85.83 | V |
| 9. | Falta de formação adequada sobre as práticas IPM a seguir numa determinada fase do crescimento das culturas | 101 | 84.17 | VII |
| 10. | Orientação incorrecta dos centros de serviços agrícolas | 100 | 83.33 | VIII |
| 11. | Falta de uma rede de distribuidores de biopesticidas | 99 | 82.50 | IX |
| 12. | Dificuldade em identificar os insectos nocivos e benéficos para conservar os inimigos naturais | 94 | 78.33 | X |
| Jalna (Maharashtra) | | Dukare 2022 | | |

Dukare (2022) estudou os constrangimentos enfrentados pelos agricultores na gestão integrada de pragas e referiu que a indisponibilidade de armadilhas de feromonas e armadilhas luminosas de qualidade para controlar o bollworm rosa nos centros de serviços agrícolas em tempo oportuno (96,), a indisponibilidade de agentes biológicos (94,) e a falta de demonstração e formação sobre a instalação de armadilhas de feromonas, armadilhas luminosas, armadilhas amarelas pegajosas, utilização de bioagentes para a gestão integrada de pragas (91,67%).

**Tabela 41: Sugestões feitas pelos produtores de algodão na adoção de práticas de Gestão Integrada de Pragasn=120**

| Sr. não. | Sugestões | Inquiridos=120 n | | Classificação |
|---|---|---|---|---|
| | | Frequência | Percentagem | |
| 1. | As demonstrações sobre a instalação de armadilhas com feromonas, armadilhas luminosas e armadilhas pegajosas amarelas e a utilização de bioagentes para a proteção integrada devem ser organizadas pelo Departamento de Agricultura do Estado e pelas SAU | 107 | 89.17 | IV |
| 2. | As armadilhas com feromonas e as armadilhas luminosas de qualidade devem ser fornecidas pelo governo a preços mais baixos | 115 | 95.83 | I |
| 3. | Fornecimento atempado de bioagentes pelos laboratórios de biocontrolo do departamento estatal da agricultura e das SAU | 110 | 91.67 | II |
| 4. | Os biopesticidas de boa qualidade devem ser disponibilizados a preços mais baixos | 108 | 90 | III |
| 5. | Deve ser dada importância ao desenvolvimento de uma rede de distribuidores de biopesticidas | 99 | 82.5 | VIII |
| 6. | Deve ser organizada uma formação sobre a instalação científica de armadilhas com feromonas e armadilhas luminosas pelo Departamento de Agricultura do Estado, SAU's e KVK | 106 | 88.33 | V |
| 7. | Vários componentes do IPM, como armadilhas com feromonas, armadilhas luminosas, armadilhas pegajosas, biopesticidas, etc., devem estar disponíveis em todos os centros de serviços agrícolas das aldeias e talukas | 102 | 85 | VI |
| 8. | A literatura mais recente sobre as práticas de GIP, numa linguagem simples e compreensível, deve ser fornecida através de várias publicações | 101 | 84.17 | VII |
| Jalna (Maharashtra) | | Dukare 2022 | | |

Dukare (2022) revelou que os produtores de algodão sugeriram que o governo deveria fornecer armadilhas de feromonas e armadilhas luminosas de qualidade a um preço mais barato, 95,83%, seguido do fornecimento atempado de bioagentes pelos laboratórios de biocontrolo do departamento estatal de agricultura e das SAU 91,67% e que deveriam ser disponibilizados biopesticidas de boa qualidade a um preço mais barato, 90%.

## NICRA - Inovação Nacional em Agricultura Resiliente às Alterações Climáticas

**Tabela 42: Comparação entre agricultores NICRA e não NICRA para isolar o impacto das tecnologias resilientes ao** climan=120

| Sr. Não. | Variáveis | Média | | por cento Variação |
|---|---|---|---|---|
| | | Agricultores da NICRA | Agricultores não-NICRA | |
| 1 | Resiliência climática | 46.26 | 35.73 | 29.48 |
| 2 | Potencial de irrigação | 4.31 | 3.56 | 21.06 |
| 3 | Intensidade da cultura | 98.66 | 97.37 | 1.32 |
| 4 | Rendimento da cultura (q/ha) | 41.95 | 34.21 | 22.63 |
| 5 | Rendimento (₹/ha) | 97533.33 | 83500.00 | 16.80 |
| 6 | Poupança (₹) | 49333 | 41050 | 20.17 |
| 7 | Aumento da superfície cultivada com práticas agrícolas (por cento) | 24.58 | 3.00 | 7.19 |
| 8 | Participação social | 8.05 | 6.56 | 22.71 |
| | Impacto total | | | 17.67 |
| Buldana | | Nirmal 2020 | | |

Nirmal (2020) analisou o impacto do NICRA nos agricultores, mostrando que os participantes do NICRA superaram os agricultores não NICRA em todos os parâmetros. Os agricultores da NICRA tinham maior resiliência climática (46,26 vs. 35,73), potencial de irrigação (4,31 vs. 3,56), intensidade de cultivo (98,66 vs. 97,37), rendimento da colheita (41,95 vs. 34,21), renda (₹97.533.33 vs. ₹83.500), poupança (₹49.333 vs. ₹41.050), aumento da área sob práticas agrícolas (24,58% vs. 3,) e participação social (8,05 vs. 6,56). Esses resultados destacam os efeitos positivos do NICRA nos meios de subsistência e nas práticas agrícolas dos agricultores.

**Tabela 43: Distribuição dos inquiridos de acordo com as mudanças socioeconómicas ocorridas antes e depois da implementação do projeto NICRAn=80**

| Sr. Não. | Parâmetros socioeconómicos | Categoria | Beneficiários | | | |
|---|---|---|---|---|---|---|
| | | | Antes da NICRA | | Depois da NICRA | |
| | | | Não. | por cento | Não. | por cento |
| 1 | Educação | Baixa | 19 | 23.75 | 21 | 26.25 |
| | | Médio | 43 | 53.75 | 38 | 47.50 |
| | | Elevado | 18 | 22.50 | 21 | 26.25 |
| 2 | Participação social | Baixo | 22 | 27.50 | 14 | 17.50 |
| | | Médio | 39 | 48.75 | 37 | 46.25 |
| | | Elevado | 19 | 23.75 | 29 | 36.25 |
| 3 | Intensidade da cultura | Baixa | 29 | 36.25 | 16 | 20.00 |
| | | Médio | 33 | 41.25 | 37 | 46.25 |
| | | Elevado | 18 | 22.50 | 27 | 33.75 |
| 4 | Produtividade das culturas | Baixo | 36 | 45.00 | 12 | 15.00 |
| | | Médio | 16 | 20.00 | 26 | 32.50 |
| | | Elevado | 28 | 35.00 | 42 | 52.50 |
| 5 | Produtividade do efetivo pecuário | Baixo | 38 | 47.50 | 25 | 31.25 |
| | | Médio | 32 | 40.00 | 36 | 45.00 |
| | | Elevado | 10 | 12.50 | 19 | 23.75 |
| 6 | Padrão de cultivo | Baixo | 43 | 53.75 | 38 | 47.50 |
| | | Médio | 14 | 17.50 | 19 | 23.75 |
| | | Elevado | 23 | 28.75 | 23 | 28.75 |
| 7 | Ocupação | Apenas a agricultura | 44 | 55.00 | 35 | 43.75 |
| | | Agricultura + pecuária | 25 | 31.25 | 34 | 42.50 |
| | | Agricultura + pecuária + Outros | 11 | 13.75 | 11 | 13.75 |
| 8 | Participação na extensão | Baixo | 42 | 52.50 | 28 | 35.00 |
| | | Médio | 24 | 30.00 | 27 | 33.75 |
| | | Elevado | 14 | 17.50 | 25 | 31.25 |
| 9 | Posse de pequenos equipamentos | Baixa | 37 | 46.25 | 34 | 42.50 |
| | | Médio | 27 | 33.75 | 27 | 33.75 |
| | | Elevado | 16 | 20.00 | 19 | 23.75 |
| 10 | Rendimento global | Baixo | 33 | 41.25 | 20 | 25.00 |
| | | Médio | 26 | 32.50 | 31 | 38.75 |
| | | Elevado | 21 | 26.25 | 29 | 36.25 |
| Valsad | | | Thakor e Joshi, 2024 | | | |

Thakor e Joshi (2024) destacam melhorias socioeconómicas significativas nos agricultores tribais na sequência do projeto NICRA. As principais mudanças incluem uma maior participação social, uma maior intensidade de cultivo e a adoção de tecnologias resistentes ao clima.

**Quadro 44: Problemas enfrentados pelos beneficiários da NICRA n=150**

| Sr. Não. | Problemas | N.º de inquiridos | Percentagem | Classificação |
|---|---|---|---|---|
| 1. | Os agricultores da NICRA têm falta de capital | 126 | 84.00 | I |
| 2. | Elevada infestação de insectos | 99 | 66.00 | .II |
| 3. | As entradas não estão disponíveis a tempo | 45 | 30.00 | IV |
| 4. | Falta de alimentação eléctrica | 54 | 36.00 | III |
| 5. | Falta de instalações de irrigação | 6 | 4.00 | VI |
| 6. | Falta de conhecimentos técnicos | 42 | 28.00 | V |
| Indore | | Singh (2020) | | |

Singh (2020) estudou que os principais problemas relatados foram a falta de capital (84,00 por cento), a elevada infestação de insectos (66,00 por cento), a falta de fornecimento de energia (36,00 por cento), a indisponibilidade de insumos a tempo (30,00 por cento), a falta de conhecimentos técnicos (28,00 por cento) e a falta de instalações de irrigação (4,00 por cento).

**Tabela 45: Constrangimentos percebidos pelos agricultores na prática de tecnologia resiliente ao clima no âmbito do** projeto **NICRAn=300**

| Sr. Não. | Restrições | Frequência | Por cento | Classificação |
|---|---|---|---|---|
| 1. | Falta de sensibilização para as tecnologias resistentes às alterações climáticas | 196 | 65.3 | I |
| 2. | Fraca disponibilidade de factores de produção críticos | 194 | 64.7 | II |
| 3. | Falta de recursos para a prática das tecnologias NICRA. | 193 | 64.3 | III |
| 4. | Falta de apoio financeiro | 192 | 64.0 | IV |
| 5. | Precipitação insuficiente | 188 | 62.7 | V |
| 6. | Falta de sensibilização para as alterações climáticas e seus efeitos negativos | 187 | 62.3 | VI |
| 7. | Apoio inadequado dos serviços competentes | 183 | 61.0 | VII |
| 8. | Falta de infra-estruturas estáveis para a pecuária | 129 | 43.0 | VIII |
| 9. | Indisponibilidade de variedades de culturas de curta duração e tolerantes à seca | 123 | 41.0 | IX |
| 10. | Resistente à mudança das práticas convencionais | 111 | 37.0 | X |
| Madhya Pradesh | | Singh 2023 | | |

Singh (2023) estudou os constrangimentos percebidos pelos agricultores na prática de tecnologia resiliente ao clima no âmbito do projeto NICRA, que foram: a falta de sensibilização para a tecnologia resiliente ao clima foi o primeiro constrangimento classificado, seguido pela fraca disponibilidade de insumos críticos, falta de recursos próprios, falta de apoio financeiro, precipitação insuficiente, baixo nível de sensibilização para as alterações climáticas, falta de apoio dos departamentos de linha, falta de estrutura estabilizada para o gado, indisponibilidade de variedades de culturas de curta duração e tolerância à seca e resistência à mudança das práticas convencionais.

**Tabela 46: Sugestões feitas pelos beneficiários da NICRA n=150**

| N.º Sr. | Sugestões | N.º de inquiridos | Percentagem | Classificação |
|---|---|---|---|---|
| 1. | As facilidades de crédito devem ser concedidas atempadamente. | 123 | 82.00 | I |
| 2. | Disponibilidade atempada de produtos químicos para proteção das plantas. | 93 | 62.00 | III |
| 3. | As sementes, os fertilizantes e outros factores de produção devem ser fornecidos em tempo útil. | 105 | 70.00 | II |
| 4. | O serviço de eletricidade deveria fornecer mais eletricidade. | 54 | 36.00 | IV |
| 5. | Devem ser criadas instalações de irrigação. | 6 | 4.00 | VI |
| 6. | O pessoal do projeto NICRA deve transmitir conhecimentos técnicos com maior regularidade. | 45 | 30.00 | V |
| Indore | | Singh (2020) | | |

Singh (2020) descreveu as principais sugestões dos beneficiários do NICRA para melhorar o apoio à agricultura. A recomendação mais crítica foi a disponibilização atempada de facilidades de crédito (82,00 por cento), seguida da disponibilidade de sementes, fertilizantes e outros factores de produção (70,00 por cento). Assegurar o acesso atempado a produtos químicos fitossanitários (62,00%) foi também sublinhado como uma necessidade essencial.

## História de sucesso - Agroflorestação

| Agricultor | Shri Balakdas Rajpoot em Bundelkhand |  |
|---|---|---|
| Modelo | Agrofloresta - quinta transformada de 7,43 acres com mais de 200 espécies de árvores. | |
| Variedades de árvores | Manga, goiaba, baga, árvores medicinais e madeireiras para frutos, forragem e proteção. | |
| Ganhos económicos | Ganhou ₹ 1.29.800 (2021-22); folhas de árvores utilizadas como forragem para o gado para um rendimento estável. | |
| Impacto na comunidade | Formação de agricultores<br>Distribuição de mudas<br>Ensina técnicas agro-florestais. | Shri Balakdas Rajpoot<br>Aldeia: Ganeshgarh;<br>Bloco: Babina;<br>Distrito: Jhansi |
| Reconhecimento | Homenageado pelo ICAR-CAFRI por promover a agroflorestação sustentável e a resiliência. | |
| | | Fonte: Singh et al., 2023 |

## História de sucesso - Agricultura natural

| Parâmetro | Detalhes | |
|---|---|---|
| Nome | Shri Jadeja Shaktisinh Vanarajsingh em Rajkot |  |
| Práticas adoptadas | Agricultura natural para produtos hortícolas<br>Usado jivamrit, ghanajivamrit, beejamrit<br>Insumos para a cobertura vegetal e o controlo natural das pragas<br>Formação dos agricultores locais | |
| Comparação: | Agricultura Natural vs. Convencional | |
| Custo de cultivo (₹) | 35.000 (CF- 46.000) | |
| Produção (q) | Sementes: 5, Vagens: 30 | |
| Rendimento bruto (₹) | 3,50,000 (CF-2,00,000) | |
| Rendimento líquido (₹) | 3,15,000 (CF-1,54,000) | |
| Rácio BC | 9,0 (CF-3,34) | |

| | | |
|---|---|---|
| Realizações | Aumento dos lucros e dos rendimentos<br>Mestre formador em agricultura natural<br>Formação de 500 agricultores<br>Prémio de melhor agricultor ATMA a nível distrital | <br>Source: ATMA Directorate & SAMETI, Gandhinagar, Gujarat |
| | | Fonte : Patel et al., 2022 |

## Direcções futuras para a agricultura regenerativa

| Área de incidência | Descrição |
|---|---|
| Técnicas inovadoras | Realçar novas práticas e tecnologias, como a aplicação de biochar e inoculantes microbianos, para melhorar a saúde do solo e o sequestro de carbono. |
| Integração da agricultura de precisão | Utilização de tecnologias como GPS e sensores para otimizar a utilização dos recursos, reduzir os resíduos e o impacto ambiental. |
| Políticas de apoio e incentivos económicos | Defender incentivos financeiros, tais como subsídios e reduções fiscais, para incentivar os agricultores a adoptarem práticas regenerativas. |
| Estudos de impacto a longo prazo | Realização de estudos para avaliar a eficácia e a capacidade de expansão das práticas regenerativas, fornecendo provas empíricas para a orientação das políticas. |
| Iniciativas de investigação em colaboração | Promover a colaboração entre investigadores, agricultores e decisores políticos para impulsionar a inovação e facilitar a adoção da agricultura regenerativa. |
| | Fonte: Vamshi et al., 2024 |

# CONCLUSÃO

A partir da discussão acima, é evidente que a agricultura regenerativa oferece um caminho transformador para a agricultura sustentável, concentrando-se na restauração da saúde do ecossistema, no aumento da biodiversidade e na construção de práticas agrícolas resistentes. Esta abordagem holística dá ênfase a práticas essenciais como a minimização da perturbação do solo, a manutenção da cobertura do solo, a diversificação das culturas, a integração da pecuária, a promoção da fertilidade natural do solo e a melhoria da gestão da água. Em conjunto, estas técnicas ajudam a atenuar as alterações climáticas, a conservar os recursos e a apoiar a biodiversidade, aumentando simultaneamente o rendimento das culturas e o rendimento dos agricultores. A agricultura regenerativa não só melhora a saúde do solo e a retenção de água, como também proporciona vantagens económicas significativas, produzindo rendimentos mais elevados em comparação com os métodos tradicionais. No entanto, os agricultores enfrentaram desafios na adoção destas práticas, como os elevados custos iniciais, a falta de formação técnica e o acesso limitado aos factores de produção necessários. Para ultrapassar estes obstáculos, será necessário apoio político, mais oportunidades de formação e assistência financeira para garantir a adoção generalizada de práticas agrícolas regenerativas. Assim, a agricultura regenerativa é uma solução promissora para alcançar sistemas agrícolas sustentáveis e resilientes. Ao dar prioridade à saúde dos nossos ecossistemas, promove um futuro em que a agricultura funciona em harmonia com a natureza e proporciona um legado sustentável para as gerações vindouras.

## REFERÊNCIAS


Borade, S. B. (2021). Atitude dos agricultores em relação ao Sistema Integrado de Agricultura. Tese de Mestrado (Agri.) em Educação para a Extensão. Vasantrao Naik Marathwada Krishi Vidyapeeth, Parbhani.

Dahiphale, T. P.; Kadam, J. R. e Adate, S. A. (2022). Sugestões dos agricultores para superar as restrições enfrentadas por eles em sistemas agroflorestais no distrito de Ratnagiri da região de Konkan. The Pharma Innovation Journal, **11**(12), 4071-4073.

Dervaliya, S. B. (2021). Conhecimento dos agricultores em relação ao sistema agrícola integrado na região de Saurashtra. (Tese de Mestrado, Universidade Agrícola de Junagadh, Junagadh).

Dukare, V. P. (2022). Lacuna tecnológica na adoção de práticas de Gestão Integrada de Pragas entre os produtores de algodão. (Tese de Mestrado, Parbhani Vasantrao Naik Marathwada Krishi Vidyapeeth Parbhani, Maharashtra).

Jagani, V. M. (2022). Conscientização e adoção de biopesticidas no distrito de Rajkot. Tese de Mestrado em Ciências Agrárias. Universidade Agrícola de Junagadh, Junagadh.

Kadiri, M. (2023). Organic certification for agricultural produces in Alluri Sitharama Raju district of Andhra Pradesh: Sensibilização e condicionalismos da comunidade agrícola.

Kadiri, M. (2023). Organic certification for agricultural produces in Alluri Sitharama Raju district of Andhra Pradesh: Awareness and constraints among farming community. The Pharma Innovation Journal, **SP-12**(11), 1764-1767.

Kaushal, R. (2022). Percepções dos agricultores relativamente às práticas de agricultura biológica no distrito de Bilaspur de Himachal Pradesh. Dissertação de Mestrado em Gestão de Agronegócios (Agronegócios). Universidade de Horticultura e Silvicultura Dr. Yashwant Singh Parmar (Nauni) Solan (HP)-173 230 Índia.

Kumar R. (2022). Levantamento estatístico sobre a agricultura natural de Subhash Palekar (SPNF) em Himachal Pradesh. (Tese de Mestrado. Universidade de Horticultura e Silvicultura Dr. Yashwant Singh Parmar, Solan, HP).

Kumar, M.; Patel, N.; Singh, M.; Pandey, A. e Dixit, A. K. (2019). Adoção de práticas de manejo integrado de pragas (IPM): Um estudo de caso na região de Malwa de Madhya Pradesh. Indian Journal of Extension Education, 55(2), 160-163.

Kumar, R.; Singh, N. D. e Chhina, G. S. (2020). Avaliação da economia viabilidade e restrições no cultivo de rotações de culturas baseadas em pulso em pequenas fazendas do punjab. Research Journal of Agricultural Sciences. **11**(4): 834-839.

Nirmal, P. S. (2020). Impacto da Inovação Nacional no Projeto de Agricultura Resiliente ao Clima nos Agricultores. (Tese de Mestrado em Educação em Extensão (Agri.), Dr. Panjabrao Deshmukh Krishi Vidyapeeth, Akola).

Padaliya, N.; Meena, H. R.; Meena, B. S.; Dube, A.; Zade, S. e Veldandi, A. (2024). Adoção de práticas agrícolas naturais nas regiões montanhosas e planas do Norte da Índia: An empirical illustration. Indian Research Journal of Extension Education, **24** (4): 113-121.

Partiksha (2022). Sensibilização e atitude em relação à agricultura biológica: um estudo realizado num distrito de Himachal Pradesh. (Tese de MBA, Faculdade de Agricultura de Gwalior, Indore, Madhya Pradesh).

Patel, Neelam; Athira, S.; Sethi, Tanu; e Meena, Shivcharan. (2022). Compêndio de histórias de sucesso da agricultura natural. NITI Aayog, Agricultura Vertical, Nova Deli, ISBN: 978-81- 953811-4-2.

Prasad, G., Sengar, R. S., & Awasthi, H. K. (2022). Problemas percebidos e sugestões oferecidas pelos agricultores beneficiários do PKVY na adoção de tecnologia de agricultura biológica. The Pharma Innovation Journal, **11**(12), 6084-6086.

Prasad, G.; Sengar R.S. e Awasthi, H.K. (2022). Problemas percebidos e sugestões oferecidas pelos agricultores beneficiários do PKVY na adoção de tecnologia de agricultura biológica. The Pharma Innovation Journal. **11**(12): 6084-6086.

Rai, Ankur Kumar; Sengupta, Samik; Kundu, Manoj e Rani, Ruby. (2023). Agricultura Regenerativa - Um Novo Começo para o Amanhã. Food and Scientific Reports. **4**(7): 89-94.

Rana, S. (2023). Adoção de um sistema agrícola integrado: Um estudo do distrito de Mandi, Himachal Pradesh. Dissertação de Mestrado em Gestão de Agronegócios (Agronegócios). Universidade de Horticultura e Silvicultura Dr. Yashwant Singh Parmar, (Nauni) Solan (HP).

Rathod, R. B. (2023). Attitude and livelihood security of small and marginal farmers towards agricultural diversification. (Tese de doutoramento, Universidade Agrícola de Junagadh, Junagadh).

Reddy, S. K. (2023). Analysis of Integrated Farming System for enhancing profitability and livelihood security of the farmers of Cooch Behar district of West Bengal (Análise do sistema agrícola integrado para aumentar a rendibilidade e a segurança dos meios de subsistência dos agricultores do distrito de Cooch Behar de Bengala Ocidental). Tese de Doutoramento (Agri.) em Extensão Agrícola. Uttar Banga Krishi Viswavidyalaya, Coochbehar, Bengala Ocidental.

Rohit. (2019). Estudo sobre o conhecimento e a extensão da adoção de rotações de culturas pelos agricultores no bloco Milkipur do distrito de Ayodhya (U.P.). Tese de Mestrado em Educação para a Extensão (Agri.). Universidade de Agricultura e Tecnologia Narendra Deva, Narendra Nagar (Kumarganj), Ayodhya (U.P.).

Sharma R. (2023). Um estudo sobre a perceção dos agricultores e a adoção de práticas agroflorestais no distrito de Una de Himachal Pradesh. (Tese de MBA. Universidade de Horticultura e Silvicultura Dr. Yashwant Singh Parmar, Solan, HP).

Singh (2020). A Study on Impact of NICRA (National Innovation of Climate Resilient Agriculture) Project on Adoption of Recommended Production Technology of chickpea, soybean and pigeon pea in Indore block, Indore district. (Tese de MBA, Faculdade de Agricultura de Gwalior, Indore, Madhya Pradesh).

Singh Inderveer e Kaushal Shilpa. (2023). Agricultura natural: Uma história de sucesso de um agricultor progressista.
Indian Farming. 73(5): 39-41.

Singh, A. K. (2023). Impact assessment of agricultural, climate, social and institutional interventions taken under NICRA project in Madhya Pradesh (Ph.D. Thesis, Rajmata Vijayaraje Scindia Krishi Vishwa Vidyalaya, Gwalior). Departamento de Extensão e Comunicação Agrícola.

Singh, S. (2017). Impacto socioeconómico da Agroflorestação no distrito de Ludhiana. Tese de Mestrado em Silvicultura (disciplina secundária: Agronomia). Universidade Agrícola de Punjab, Ludhiana.

Sumeet. (2022). Um estudo sobre a perceção dos agricultores e a adoção de

práticas agroflorestais em Solan
distrito de Himachal Pradesh. Dissertação de Mestrado em Gestão de Agronegócios (Agronegócios). Universidade de Horticultura e Silvicultura Dr. Yashwant Singh Parmar, (Nauni) solan (hp) - 173 230.

Tamboli, I. M.; Deshmukh, J. M. e Pisure, B. L. (2022). Constrangimentos enfrentados pelos agricultores na adoção de práticas de conservação do solo e da água na área do projeto de desenvolvimento da bacia hidrográfica. The Pharma Innovation Journal, SP-11(12), 155-156.

Thakor, R. F. e Joshi, P. J. (2024). Impacto das tecnologias resilientes ao clima no desenvolvimento socioeconómico dos agricultores tribais. Gujarat Journal of Extension Education. **37**(2): 8-14. https://doi.org/10.56572/gjoee.2024.37.2.0008.

Vanpariya, J. P. (2018). Conhecimento e atitude dos agricultores em relação aos biofertilizantes e biopesticidas 'Sajaw' no distrito de Junagadh, no estado de Gujarat. (M. Sc. (Agri.) Tese de Extensão Agri, Universidade Agrícola de Junagadh, Junagadh).

Vashishat R. K. (2020). Análise económica da agricultura natural no distrito de Sirmaur de Himachal Pradesh. (Tese de Mestrado. Universidade de Horticultura e Silvicultura Dr. Yashwant Singh Parmar, Solan, HP).

Yadav, R. (2023). Conhecimento e Adoção de Biopesticidas Agricultores do Distrito de Udaipur do Rajastão. Dissertação de Mestrado em Educação para a Extensão (Ag.). Universidade de Agricultura e Tecnologia Maharana Pratap, Udaipur.

Zala, P. H. (2021). Atitude e perceção dos agricultores em relação à agricultura natural na região de Saurashtra. (Tese de doutoramento, Universidade Agrícola de Junagadh, Junagadh).

Zintoo A. (2021). Economia comparativa do cultivo convencional e natural de vegetais no distrito de Solan, em Himachal Pradesh. (Tese de Mestrado. Universidade de Horticultura e Silvicultura Dr. Yashwant Singh Parmar, Solan, HP).

***"A agricultura regenerativa não é apenas um método de cultivo, mas um movimento para curar o solo, nutrir a biodiversidade e reavivar o espírito da nossa Mãe Terra. É um compromisso para deixar a terra mais saudável e mais resistente para as gerações futuras."***
***Marchemos para reanimar a nossa mãe***

MIX
Papier aus verantwortungsvollen Quellen
Paper from responsible sources
FSC® C105338

Printed by Books on Demand GmbH, Norderstedt / Germany